Understanding Military Security

군사보안의 이해

박양배, 김경연, 신정원 공저

도서출판 진영사

군사보안의 이해

박양배, 김경연, 신정원 공저

초판 인쇄: 2023년 1월 20일
초판 발행: 2023년 1월 25일

발행인: 박진영
발행처: 도서출판 진영사
인천광역시 부평구 주부토로 236 인천테크노밸리 U1 지식산업센터 B동 1507호
전화 : 032)505-4207
팩스 : 032)505-4206
E-mail : 0183734207@hanmail.net
신고번호 : 제2007-000001호(2007.01.19.)

ISBN 978-89-6541-588-6 93390
값: 20,000원

군사보안의 이해

박양배, 김경연, 신정원 공저

도서출판 진영사

서 문

21세기는 모든 분야에서 변화와 혁신을 요구받고 있으며 특히, 정보통신 기술의 급속한 발전은 군의 정보화 및 과학화를 가속화 시키고 있다.

또한, 빅데이터 및 인공지능 등과 같이 4차 산업혁명을 대비하고 준비하는 것이 민간 영역을 넘어 군사영역까지 확장되고 있어 향후 군사보안의 영역 또한 이를 뒷받침하기 위해 인적, 물적 네트워크를 준비해야 할 것이다.

그렇다면 군사보안이란 무엇을 의미하는 것일까?

군사보안의 사전적 의미를 살펴보면 군사(軍事)란 평시에는 가장 합리적으로 군사력을 건설, 유지 및 관리하고 유사시 준비된 군사력을 사용하여 당면한 국가적 위협을 배제하거나 국가목표를 달성하는 수단에 관한 일로 설명된다. 보안(保安)은 국가 안전보장에 영향을 주는 인원, 문서, 자재와 통신 시설 및 보호지역 등을 간첩이나 기타 불순분자의 침해행위로부터 보호하는 제반 대책으로 설명하고 있다.

결국, 국가안보라는 틀에서 적의 간첩행위, 기습, 교란으로부터 부대를 방호하고 적에게 첩보 제공을 거부하기 위하여 취하는 제반 활동을 말하는 것이다.

하지만 군사보안을 처음 접하거나 군인을 직업으로 선택하여 생활하려는 사람들에게 실천방법을 설명하려 하면 보안업무 실무자가 아니고서 그림을 그리기가 어렵다.

군 생활을 하는 동안 기본적인 군사보안 업무를 수행하면서 각종 규정을 모두 이해하고 업무를 할 수 없어 필요할 때마다 규정을 찾거나 담당자에게 묻고 해결하는 것이 최상의 방법인 것이다.

군 관련 업무를 위해 군사보안을 이해하려 해도 문장을 이해하고 실행하기 위해서는 단순히 규정만으로는 해결할 수가 없었다.

이러한 어려움을 해결하고자 군사학을 연구하고 군사보안을 처음 접하는 이들에게 꼭 필요한 관련규정을 정리해 보았다. 제 1편은 군사보안에 대한 개념과 중요성을 설명하고 제 2편에는 정신보안, 인원보안, 시설보안, 문서보안, 정보통신보안, 기타보안 등 관련된 규정을 핵심 위주로 요약하였으며, 제 3편은 군사보안의 잠재적인 위협요인을 식별하여 새로운 형태의 위협요인을 이해하도록 기술하였습니다.

Contents

제1편 개요

1. 군사보안 환경 ---- 13
2. 군사보안 중요성 ---- 14
3. 군사보안 법규체계 ---- 15
4. 군사보안 분류 ---- 16
5. 정보보호 기관 ---- 17

제2편 군사보안 규정

제1장 정신보안 ---- 21

1-1 정신보안 ---- 23
1-2 정신보안을 지키는 자세 ---- 23
1-3 정신보안 대상 ---- 23
1-4 정신보안 위상 ---- 23
1-5 부대활동 시 정신보안 활동 ---- 24
1-6 정신보안 강화방법 ---- 25

제2장 인원보안 27
2-1 인원보안 29
2-2 비밀취급 인가 절차 29
2-3 특별한 경우 비밀취급 인가 30
2-4 비밀취급 인가증 발부 30
2-5 비밀취급 인가 제한 30
2-6 신원조사 31
2-7 보안담당관 33
2-8 보안담당관 임무 33
2-9 분임 보안담당관 임무 34
2-10 보관책임관 임명 34
2-11 비밀합동보관소 관리책임관 임무 35

제3장 시설보안 37
3-1 시설구역 구분 39
3-2 군사보호구역 보호 40
3-3 비밀합동보관소 보호 41
3-4 출입증 착용 42
3-5 부대출입 42
3-6 우리나라 국민 출입 43
3-7 외국인 출입 44
3-8 부대 명칭 표기 45
3-9 사진 촬영 45

제4장 문서보안 ---- 49

4-1 비밀의 구분 ---- 51

4-2 비밀 분류원칙 ---- 52

4-3 비밀 분류기준 ---- 53

4-4 비밀생산 시 보호대책 ---- 54

4-5 비밀의 생산 ---- 55

4-6 비밀의 표시 ---- 58

4-7 관리번호 ---- 59

4-8 비밀관리기록부 ---- 60

4-9 비밀관리기록부 갱신 ---- 61

4-10 비밀이력카드 작성 ---- 63

4-11 비밀바인더 ---- 64

4-12 비밀관리 원칙 ---- 68

4-13 비밀 분리/관리 ---- 69

4-14 비밀 지출, 대출, 열람 ---- 69

4-15 예고문 부여 ---- 70

4-16 비밀의 보관기준 ---- 72

4-17 비밀 보관용기 ---- 73

4-18 비밀 파기 ---- 74

4-19 비밀 존안 ---- 74

제5장 정보통신보안 ---------- 77

5-1 상용 정보통신장비 설치, 운용 ---------- 79

5-2 상용 FAX 설치/운용 ---------- 80

5-3 개인소유 정보통신장비 통제 ---------- 81

5-4 업무용 PC 비밀번호 관리 ---------- 85

5-5 업무용 PC 관리/운용 ---------- 86

5-6 휴대용 저장매체 등록 및 관리 ---------- 87

5-7 주변장치 반입 및 반출 ---------- 90

5-8 인터넷 설치 ---------- 92

5-9 인터넷 사용 ---------- 93

5-10 E-mail 관리 ---------- 94

5-11 스마트폰 관리 ---------- 95

제6장 기타보안 ---------- 97

6-1 보안성검토 ---------- 99

6-2 비밀회의 시 보안대책 ---------- 100

6-3 비밀회의 자료생산/관리 ---------- 102

6-4 부대 보안교육 ---------- 103

6-5 비밀자료 교육 ---------- 104

6-6 민간시설이용 비밀발간 ---------- 105

6-7 SNS 활용 시 보안 ---------- 106

6-8 전입 및 전출 보안 조치 ---------- 107

6-9 사이버 보안진단의 날 행사 ---------- 108

6-10 보안사고 발생 시 조치 ---------- 110

제3편 잠재적 위협

제1장 초경량비행장치[드론] ---- 113

1-1 초경량비행장치 ---- 115

1-2 드론의 활용성 ---- 115

1-3 드론 보안기준 ---- 116

1-4 사용목적에 따른 드론 분류 ---- 116

1-5 항공촬영 ---- 117

1-6 공역사용 구분 ---- 118

1-7 영상자료 보안대책 ---- 119

1-8 기타 보안대책 ---- 119

1-9 법률적 보안규제 ---- 120

1-10 드론조종자 준수사항 ---- 121

제2장 사이버 공격 ---- 123

2-1 과학기술의 발전 ---- 125

2-2 사이버 영역 ---- 125

2-3 군사작전에서의 사이버 위협 ---- 126

2-4 부대업무에서의 사이버 위협 ---- 126

2-5 사이버 보안 태세 확립 ---- 127

이해도 평가

부 록 ---- 153

1 보안업무규정 ---- 154

2 군사기밀 보호법 시행령 ---- 175

3 군사기밀 보호법 사건 처리현황 ---- 186

4 군사기밀 표시 및 고지 ---- 187

5 군사보호구역 구분 및 설정방법 ---- 190

제1편
개요

1. 군사보안 환경

수 세기 인간에 의해 종속되어 있던 바둑은 알파고 라는 인공지능이 승률을 높이는 수를 반복 학습함으로써 인간을 상대로 승리하였다. 이처럼 대규모의 데이터를 분석하면 사회의 다양한 현상(금융, 제조, 공공기관 등)까지 단시간 이해하는 빅데이터가 우리 삶 속으로 들어오고 있는 것이다.

IT(Information Technology) 기술의 발달은 사회뿐만 아니라 우리 군의 미래 전장 환경에도 영향을 미치고 있다. 특히, 초연결 네트워크 중심의 지능화, 무인화된 환경 구축은 4차 산업혁명의 시대가 우리 삶 속으로 스며들고 있음을 보여주고 있는 것이다.

그렇다면 군사보안 환경은 어떻게 변화되고 있을까? 기존의 문서보안, 인원보안, 시설보안과 같은 보안업무는 시대의 흐름에 맞추어 변화되고 있다.

문서관리의 효율성과 접근성 등을 고려하여 보안규정은 세밀하고 강화되어 매년 정비되고 있다. 그리고 급속도로 발전하는 정보통신보안 분야는 새로운 운영체제의 취약점을 보완하고 사이버 공간의 공격에 대한 보안체계 연구 활동도 활발히 진행되어 가고 있다.

60년대 초반 소련이 미국의 정찰기가 영공에서 활동하지 못하도록 스파이를 활용하여 자석 하나로 정찰기의 능력을 교란하는 역사적인 사건이 있었다. 이는 인원 및 시설보안의 취약성이 국가안보에 전반적인 영향을 미치는 사건이었다.

보안업무 실무자나 초급 관리자라면 군사보안을 대하는 자세에 있어 군과 사회의 변화에 대해 빠르게 대응해야한다. 양질의 보안환경을 구축하고 업무의 편리성 보다 내부 정보가 유출되지 않도록 주의해야 한다.

개인의 부주의가 정보통신기술을 활용한 내부 침해보다 훨씬 단순하고 손쉽게 발생함을 인식한다면 외부환경이 변하더라도 군사보안에 대한 개인의식은 현재보다 더 나은 수준으로 유지되어야 할 것이다.

2. 군사보안 중요성

군사보안업무는 상위법령에 근간을 두고 제정되었으며 이를 기초로 우리 군은 국방보안업무 훈령을 제정하였다. 단순히 업무의 편의성을 위해 군 자체적인 규정이 아닌 상위법령을 기반으로 제정됨을 고려한다면 보안업무 관련 규정은 임의해석이나 군의 입장만 반영될 수 없음을 말한다.

보안업무 관련 규정은 기본적으로 군인이라는 신분에만 적용되는 것이 아니다. 국방 관련 비밀사업을 추진하는 민간기업, 단체도 적용되며 비밀을 취급함에 있어 보안대책과 보안측정 등 제반 사항을 통제할 수 있도록 적용되고 있다.

보안(保安)이란 사전적 의미로는 '사회의 안녕과 질서를 보전' 한다고 되어있다.

군에 접목해 보면 부대의 안녕과 질서를 보전하기 위해 안정된 부대관리와 즉각 가용한 전투준비태세를 갖추는 것으로 보일 수 있다. 하지만 전쟁을 대비하는 특성을 고려한다면 기밀 유출을 방지하는 것이야말로 부대의 안녕과 질서를 보전하는 길이라 볼 수 있다.

보안의 중요성은 역사 속 전사를 통해 알 수 있다.

2차 세계대전 태평양전쟁 당시 일본은 미국의 동경 공습 이후 심리적으로 위축된 상황에서 미 태평양함대 주력을 격멸할 필요성을 알게 되었다. 이에 일본은 다양한 첩보수단을 통해 미국의 주력 항공모함 위치 파악 등 다양한 형태의 활동을 시행하였다. 하지만, 군사보안 측면의 활동을 간과함으로써 패전의 원인을 제공하였다. 일본이 간과한 것은 통신 교신 시 핵심단어를 중복사용 하여 미국의 해군 중령에 의해 작전 기도가 사전에 노출된 것이다. 계속되는 승리에 도취 되어있던 일본은 자신들의 기도가 노출됨을 모른 채 작전을 강행하였으며, 이때 미국은 무선 침묵을 통해 일본을 유인함으로써 전투에서 승리하였다. 사소한 것을 지키지 않는 안일한 생각과 행동은 전사를 통해 알 수 있듯이 전쟁 양상을 뒤바꿀 수도 있다.

군사보안은 귀찮은 것이 아니다. 나를 비롯한 내가 속한 조직, 나아가 국가안보 차원에서 당연히 지켜야 할 약속임을 인지하고 관련된 업무를 수행해나가야 할 것이다.

3. 군사보안 법규체계

군사보안은 군사기밀 보호법 및 동 법 시행령, 국가정보원법, 보안업무규정 등 상위 법규에 근거를 두고 있다. 상위 법규와 상충 되거나 반하는 내용을 반영할 수 없다. 세부적인 사항은 시행규칙, 각 군 규정 등에 반영하여 업무의 효율성을 높이고 있다.

우리 군은 군사보안업무 훈령을 기준으로 군사보안 규정이 적용되며 각 군은 이를 근거로 군사보안 관련 규정과 부대별 내규를 작성하여 적용하고 있다.

또한, 각 군은 모든 작전부대에 대한 작전보안업무를 지도 및 감독한다. 작전보안은 군사작전 및 제반 활동에 관한 중요정보와 취약점을 식별, 보호, 통제함으로써 평문 내용이라도 외부유출 되지 않도록 관리하고 있다.

군사보안 업무를 책임지고 수행하는 각 관의 임무 및 역할은 다음과 같다.

방첩부대의 장은 각급 부대의 효율적인 군사보안업무 수행에 필요한 지원업무를 수행한다. 각급 부대의 장은 소속부대 · 기관의 전반적인 보안에 대한 지휘 및 감독책임을 진다. 또한, 보안실무자인 각급 부대의 보안담당관은 소속부대 또는 기관장의 명을 받아 전반적인 보안에 대한 계획을 수립하고 조정 · 감독업무를 수행하며 군사보안에 대한 적용을 받는다.

군사보안 규정에 적용받는 각 개인은 모든 보안업무를 직접 수행해야 한다.

특히, 전역/퇴직 등 사유로 비밀취급 인가가 해제된 후에도 직무수행 중 알게 된 군사비밀을 누설해서는 안 된다. 보안사고와 위반자를 발견하거나 보안 위반내용을 인지하였을 때에는 해당 부대 보안담당관 및 지원하는 방첩부대에 신고하고 이를 지휘계통으로 보고하여야 한다.

4. 군사보안 분류

군사보안은 일반인들이 접했을 때 용어의 생소함으로 다소 이질감을 느낄 수 있다. 하지만 보안이라는 단어만 놓고 본다면 기업, 일반단체, 정부 기관에서 흔히 사용하는 용어로 정신보안, 인원보안, 시설보안, 문서보안, 정보통신보안으로 분류되어 있다.

첫째, 정신보안은 개인별로 가져야 할 확고한 보안의식을 말한다. 정신은 사전적 의미로 마음이나 영혼, 생각하고 판단하는 능력이나 작용을 뜻한다. 사람에 의해 다루어지는 보안업무는 개인의 보안의식 함양이 매우 중요하다.

둘째, 인원보안은 국방부 장병으로 소속된 인원에 대한 비밀을 취급하기 위한 심사나 군사기밀을 다루는 인원에 대한 제반 보호 활동에 관한 분야를 말한다. 인원보안에 있어 핵심 분야는 신원조사, 각종 비밀을 취급하는 담당자에 대한 비밀취급 인가자 책정업무 등 보관책임관의 임무와 역할을 중점적으로 다룬다.

셋째, 시설보안은 일상생활에서 중요시설에 설치되어 있는 CCTV나 철조망 등을 떠 올려 보면 쉽게 이해될 것이다. 외부 침입으로부터 보호하기 위한 영문(위병소) 통제, 시설물 경계대책, 보호구역 설정, 사진 촬영 통제 등 제반 활동을 말한다. 시설물을 설치하기 위한 계획단계부터 시설보안은 시작되고 있다 할 수 있다.

넷째, 문서보안은 종이로 된 비밀문서에 해한 보안기준과 작성방법 등을 망라하는 분야이다. 비밀을 직접 다루는 개인이나 그렇지 않은 사람들로부터 문서가 외부로 유출되거나 열람되지 않도록 보호하는 것이다.

다섯째, 정보통신보안은 PC와 인터넷 등 통신기술발달에 따라 그와 관련된 장비 및 서버 관리, 암호 및 음어 등을 보호하는 것이다. 기술의 발전 속도에 맞추어 규정이 정비되고 대응방법이 발전되는 분야라 할 수 있다.

5. 정보보호 기관

많은 국가들이 보안 관련 기관과 단체를 운영하면서 각 기관별 정보를 보호하고 공유하고 있다. 우리나라도 다른 국가와 동일하게 다양한 정보보호 기관을 운영하고 있다. 군사보안은 국방부가 소관 부처가 되어 관련 사항을 관장한다면 안보 및 민간분야의 보안업무 기관은 아래와 같이 구성되어 있다.

첫째, 국가안보실은 사이버 안보에 대한 대통령의 직무를 효율적으로 보좌하기 위해 사이버안보비서관실을 신설하여 운용하고 있다. 국가 차원의 사이버 안보 대응역량 강화를 과제목표로 제시하였고, 사이버 안보 컨트롤타워 강화, 사이버전 수행능력 확보 등을 통하여 선진국 수준의 사이버 안보 대응역량 강화를 추진하고 있다.

둘째, 국가정보원은 국가안보를 위해 사이버 공격 행위 및 그 공격 주체에 관한 정보를 수집, 작성, 배포하고 국가의 기능 유지를 위하여 국가 및 공공기관을 대상으로 하는 사이버 공격에 대한 예방 및 대응 업무를 하고 있다. 또한, 비밀 보호와 관련한 정책 수립 및 비밀관리 기법연구 및 보급 등 각급 기관 소속 공무원들의 교육을 수행하고 있다.

셋째, 과학기술정보통신부는 민간분야 침해사고 예방, 대응체계의 구축 및 운영, 민간분야의 주요 정보통신기반 시설의 지정 권고 및 취약점 분석/평가, 전자인증 등 민간분야 정보보호에 관한 업무를 수행하고 있다.

넷째, 행정안전부는 전국 시도에 사이버 침해 대응센터를 구축하여 각종 사이버 공격에 대응하고 있다. 도시철도, 교통신호 등 지방자치단체의 주요 기반시설의 보안 관리를 강화하고 정보시스템 취약점 점검 및 조치 등 보안 인프라를 설치, 보급하고 있다.

다섯째, 전문기관으로는 한국인터넷진흥원이 국내 주요 통신사업자 및 보안관제업체와 연계하여 인터넷트래픽의 이상 징후를 365일 모니터링하여 취약점에 대한 보안 권고문을 배포한다.

Memo

제2편
군사보안 규정

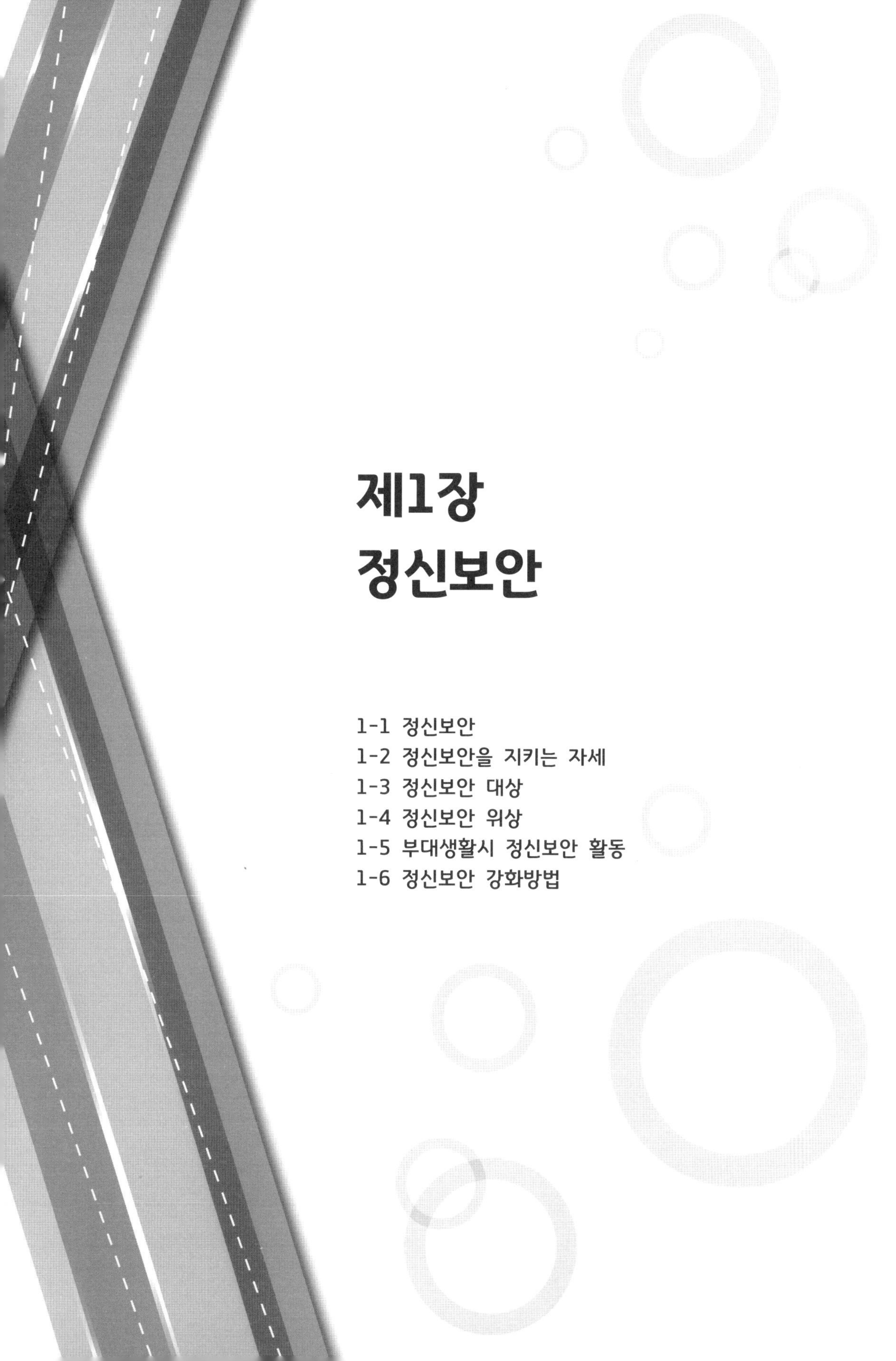

제1장
정신보안

1-1 정신보안
1-2 정신보안을 지키는 자세
1-3 정신보안 대상
1-4 정신보안 위상
1-5 부대생활시 정신보안 활동
1-6 정신보안 강화방법

요 약

1장 정신보안은 군사보안업무를 수행함에 있어서 필요한 정신보안 자세 등을 간략하게 기술하였다.

1-1항~1-3항

1-1항부터 1-3항은 정보보안의 정의와 정신보안을 준수하기 위한 기본자세와 정신보안 대상에 관하여 기술하였다.

1-4항~1-6항

1-4항부터 1-6항은 정신보안이 군사보안에서 위상과 그 활동방법들을 정리하였으며, 상황해결 과제와 보안사례를 제시하였다.

♠ 마음을 올바로 하고 몸을 닦는다. - 대학 -

1-1 (정신보안)

정신보안이란 무엇일까요? 장병들의 보안의식 수준을 높여서 보안사고를 예방하고 완벽한 군사보안태세 확립을 위한 것을 정신보안이라고 합니다.

1-2 (정신보안을 지키는 자세)

안보전문가가 되기 위해서는 절대적으로 지켜야 할 사명이 바로 정신보안이죠. 국가와 군의 존립에 막대한 영향을 미칠 수 있는 군사비밀은 생명과 같이 지켜야 합니다.

또한, 알게 된 비밀을 누설하는 것을 불명예스럽게 여기고 나의 업무와 관련 없는 비밀은 알려고 하지 말아야 합니다.

그리고 보인규정에 대힌 준수사힝을 몸에 익혀 솔신수범하는 깃이 가장 중요하답니다.

1-3 (정신보안 대상)

정신보안은 인간의 영역인 정신에 근간을 두고 있기 때문에 정신보안의 대상은 비밀을 직접 다루는 사람으로 부대 내 모든 구성원을 대상으로 볼 수 있답니다.

1-4 (정신보안 위상)

정신의 영역인 정신보안은 개인의 성향과 주어진 환경에 따라 정서적 변화를 겪을 수 있는 유형의 영역으로 인원, 시설, 문서보안 등에 영향을 미칠 수 있습니다. 그러므로 보안 업무를 배움에 있어 가장 먼저 교육하고 강조되는 것이 정신보안인 것입니다.

정신보안 = 인원/시설보안 + 문서보안 + 정보통신보안

상황해결

1. 나는 중대 소(부)대장으로 대대 보안표어 경연대회에 참가하기 위해 표어를 작성하고 있다. 표어를 작성하고 그 이유를 설명하시오.

2. 우리 소대에서 휴가자를 대상으로 보안 관련 정신교육을 시행하기 위해 강조 보안의식 제고를 위해 강조해야 할 사항을 3가지 이상 발표하시오.

1-5 (부대 생활 시 정신보안 활동)

① **학교 대표자는 교장, 혹은 대학교 총장이죠. 군대는 임무 완수를 위해 부대를 책임지고 지휘통솔 하는 사람을 지휘관 또는 각급 부대장이라고 합니다. 이분들이 구성원들을 위해 정신보안 활동 계획을 수립하는데 바로 다음과 같이 역할을 수행 합니다.**

첫째, 자신(지휘관)의 의도가 담긴 보안 서신을 발행하며,
둘째, 창작물 응모와 우수작을 포상(상장, 표창)하고,
셋째, 각종 정신보안 교육을 합니다.

② **그러면 나는 부대 구성원으로 무엇을 해야 할까요?**
첫째, 출입증을 잘 달고 다니고, 개인 PC 비밀번호 관리를 잘하면서 민감한 비밀을 외부에 언급하지 않아야 하죠. 그리고 여러분들의 SNS로 군사자료를 전송하거나 개시 하면 안 되겠죠.

둘째, 실무자가 되면 보직 교체로 정신이 나태해지는 경우가 있는데 이때, 보안사고가 많이 발생하니 집중적인 보안 활동을 통해 사고를 미리 방지해야 합니다.

③ 보안 위반자는 규정에 따라 반드시 처벌되고 보안업무 유공자도 포상하니까 군사보안을 어렵게 생각하지 않길 바랍니다.

[출처: 국방홍보원]

1-6 (정신보안 강화방법)

개인의 보안수준을 유지하기 위해서는 지켜야 하는 목표의식과 자발적인 노력을 통해 규정 범위에서 보안 활동을 강화해야 합니다.

① 개인의 목표 설정: 보안을 다루는 주체가 개인인 만큼 자신의 권한과 책임에 따른 군사보안 목표를 설정하여 보안사고가 발생하지 않도록 하는 것이 우선이겠죠.

② 보안실무자의 책임감: 전문성을 갖춘 보안실무자는 개인의 뚜렷한 목표가 완성될 수 있도록 보안교육, 지도방문 등을 통해 예방적 보안 활동을 수행해야 합니다.

③ 장병 이해: 90년대 이후 출생한 장병은 이전 세대와는 다른 시대적 상황과 의식을 지니고 있습니다. 이를 이해하여 이들의 감정과 가치관 등을 고려하여 보안교육을 실질적으로 체감할 수 있도록 해야 할 것입니다.

또한, 부대에서 매월 주기적으로 시행하는 사이버 보안 진단의 날 행사와 같이 정기적으로 실시하는 것들을 이해하고 비밀번호 변경 등 보안 조치들을 누락하지 않아야 하죠.

* 보안사고 원인
가. 보안경시 풍조
나. 보안의식 부족
다. 미온적 처벌

보안사고는 대부분 일반 업무 속에서 특별히 강조되지 않으면 규정을 무시하고 일하면 일어납니다. 이는 보안에 대한 의식이 부족하거나 업무 우선순위에서 밀려 발생이 되니 이점을 유의하여 일일 단위로 보안상태를 점검하는 것이 필요합니다.

보안사례

2008년 탈북자로 위장한 북한 여성 공작원이 결혼정보업체, 안보강연 등을 통하여 우리 군 다수 간부를 포섭하여 군사기지 촬영 등 군사기밀을 유출하였으며, 이들을 포섭하여 중국으로 유인하려는 사례가 언론에 공개되었다.

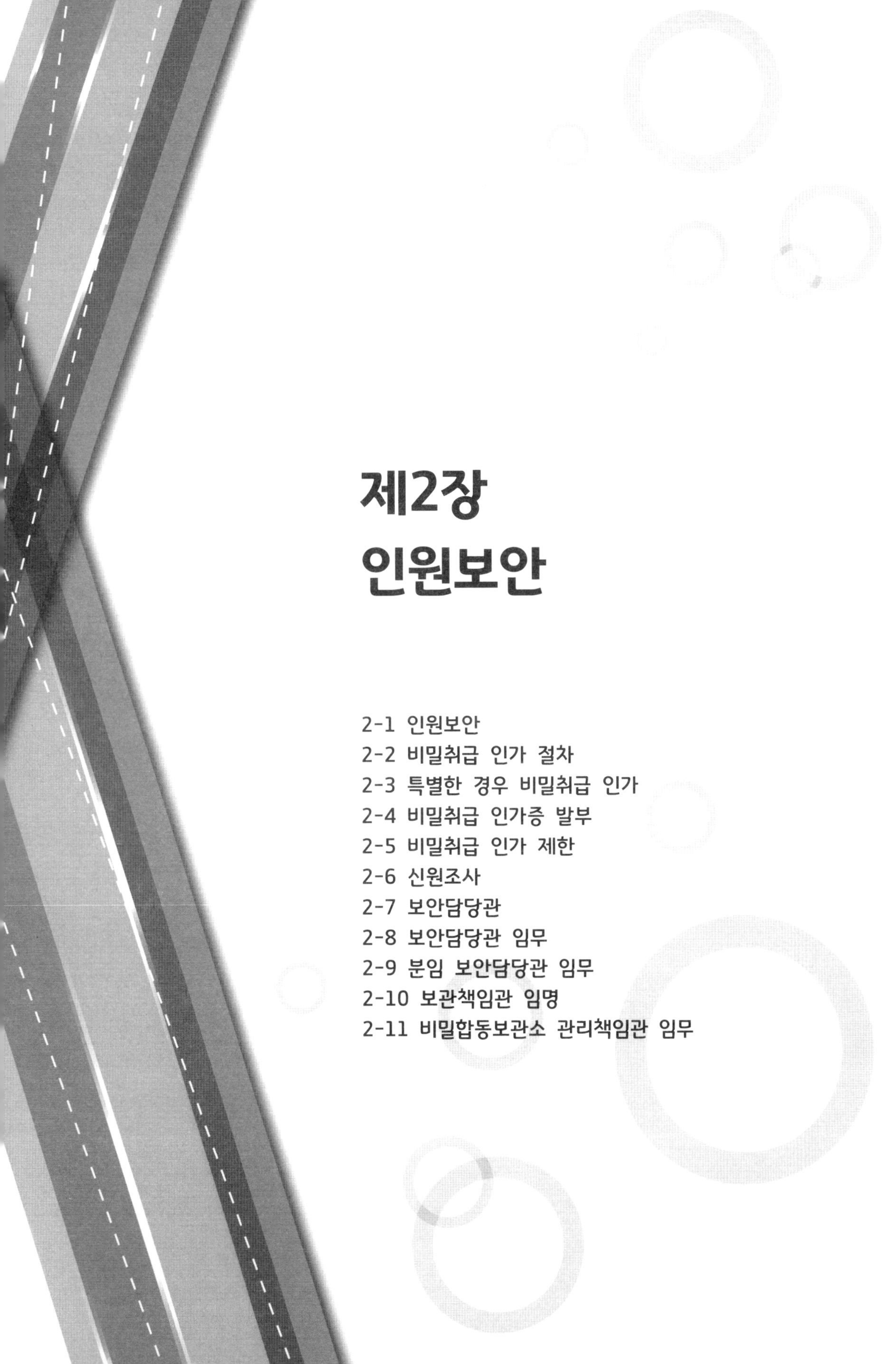

제2장
인원보안

2-1 인원보안
2-2 비밀취급 인가 절차
2-3 특별한 경우 비밀취급 인가
2-4 비밀취급 인가증 발부
2-5 비밀취급 인가 제한
2-6 신원조사
2-7 보안담당관
2-8 보안담당관 임무
2-9 분임 보안담당관 임무
2-10 보관책임관 임명
2-11 비밀합동보관소 관리책임관 임무

요 약

2장 인원보안은 군사보안을 취급하는 사람의 역할을 살펴보는 것으로 비밀을 취급하기 위한 절차와 보안업무를 수행하는 담당자의 임무를 구체적으로 살펴보는데 중점적으로 기술하였다.

2-1항~2-6항

2-1항부터 2-6항은 비밀취급 인가권자와 취급절차를 살펴보고 비밀 취급권자의 인가증이 어떻게 발급되는지를 기술하였다.

2-7항~2-11항

2-7항부터 2-11항은 보안업무를 수행하는 보안담당관, 보관책 임관의 임무와 역할을 이해하고 비밀을 보관하는 비밀합동보관소 관리책임관의 임무를 기술하였다. 단원의 마지막은 상황 해결, 과제/발표로 구성하여 인원보안에 대한 이해와 복습이 진행되도록 구성하였다.

♠ **장수는 국가의 기둥이니 장수가 치밀하면 나라가 강해지고 장수가 틈이 있으면 국가가 약해진다. - 손자병법 -**

2-1 (인원보안)

인원보안이란 군사기밀을 효율적으로 보호하기 위해 현역, 군무원 등 군사보안 업무에 종사하는 필수 인원과 비밀업무를 취급하는 민간인에 대해 그 자격을 심사하거나 보안실무자의 임명 등에 관한 사항을 말합니다. 한마디로 사람에 관련된 보안업무를 말합니다.

2-2 (비밀취급 인가 절차)

① 비밀을 다루려면 신원조사 등을 통해 인가를 받아야 하는데 직책과 업무상 비밀자료를 취급하는 장병에게 Ⅰ·Ⅱ·Ⅲ 급으로 구분하여 비밀취급 인가를 할 수 있습니다.

* 비밀자료 취급은 직접 비밀자료를 수집·작성하는 것 외에 업무상 활용하거나 단순 수발하는 업무도 포함된다.

② 그러면 비밀취급 인가권자에는 누가 있을까요?
첫째, Ⅰ급 비밀취급 인가권자에는 대통령, 국무총리, 각 부처의 장, 국정원장, 각 군 작전부대를 지휘하는 합참의장, 각 군 총장 등이 있습니다.

둘째, Ⅱ급 및 Ⅲ급 비밀취급 인가권자에는 Ⅰ급 비밀취급 인가권자와 중앙행정기관인 청의 장, 장관이 지정한 기관장 등이 이에 해당합니다.

③ 간부의 경우 비밀취급인가는 신청서를 작성하여 관련 부서에 제출하고 인사명령이 발령되며 보안담당관이 인가증을 발급하죠.

④ 용사의 경우 해당 인원에 대해 부대에서 보안담당관이 신원조사를 의뢰하여 방첩부대의 신원조사 결과 이상 없으면 비밀취급인가증을 발급합니다.

2-3 (특별한 경우 비밀 취급인가)

어떤 상황이 특별하기에 비밀취급을 인가해 줄 수 있을까요? 바로 전쟁 또는 이에 비슷한 사태가 발생하거나 훈련으로 소집되어 비밀을 취급하게 될 예비역 장병은 비밀취급 인가 사항을 확인하여 재인가하고 있습니다.

또한, 타군(육, 해, 공군)이나 대외기관에 파견된 자에 대한 비밀취급 인가는 대상자의 원 소속 부대에서 인가한 근거에 의해 파견된 부대장이 인가를 해 줄 수 있답니다.

2-4 (비밀취급 인가증 발부)

비밀취급 인가를 받은 자에게는 비밀취급 인가증을 발행하고 비밀취급 인가증·출입증 발급대장에 해당 사항을 기록합니다.

2-5 (비밀취급 인가 제한)

비밀을 아무나 취급하게 할 수 없기 때문에 그 인가를 제한하고 있습니다.

① Ⅰ급 비밀은 매우 높은 단계의 비밀로 아무나 인가하지 않습니다. 업무의 중요도가 높은 만큼 비밀취급 인가의 대상도 현역은 대위급 이상 장교, 공무원은 5급 이상이 해당합니다.

② 자문, 비밀공사 등 일정 기간 업무수행을 위한 비밀취급 인가의 경우에는 취급 기간과 범위를 비밀취급인가증에 명시하여 무분별한 비밀 취급으로 보안사고가 발생하지 않도록 하고 있습니다.

③ 외국인은 어떨까요? 원칙적으로 비밀취급 인가를 할 수 없는데 다만, 군 관련 업무수행을 위해 비밀열람이 필요한 경우에는 미리 각급 부대장의 승인을 받아 업무 관련 취급 기간 및 범위를 제한하여 열람할 수 있답니다.

2-6 (신원조사)

너는 누구냐? 신원조사는 국가안보를 위하여 국가에 대한 충성심·성실성 및 신뢰성을 조사하기 위하여 신원조사를 합니다.

이미 신원조사를 받은 인원이라도 기간이 경과하면 보안사고 등 신원조사 부적격 사유가 발생할 수 있으므로 재 신원조사를 통해 필요시 임관·임용 및 부대 출입제한 등 적절한 조치를 취해야 합니다.

신원조사 대상이 되는 사람은 공무원 임용예정자, 비밀취급 인가 예정자, 그밖에 보안상 필요하다고 인정되는 사람입니다. 군인의 경우 사관생도 및 군 장학생 등 병적 편입으로 사전 선발된 인원이 임관 전에 해당이 되겠죠. 물론 부대 생활을 하면서 비밀을 취급하게 되는 간부나 용사도 이에 해당합니다.

* 군 계급체계
소위: 소대장
중위: 참모
대위: 중대장
소령, 중령, 대령
준장, 소장, 중장, 대장

전입 온 용사가 비밀취급 업무를 하는 직책에서 일을 해야 한다면 반드시 신원조사를 실시해야 합니다.

① 용사의 비밀취급인가는 누굴까요? 인사명령권이 있는 대대장급 이상 각급 부대의 장으로 Ⅱ급 및 Ⅲ급 비밀취급 인가권자입니다. 비밀취급인가 대상자는 전입과 동시에 신상파악 등 부대 관리 측면에서 제반 조치를 취한 후 신원조사를 방첩부대에 의뢰하며 의뢰 시 신원조사 대상자명부에 관련 사실을 기록하죠.

② 신원조사 의뢰 후 적합하다면 「신원조사 대상자명부」에 관련 사실을 기록하고 인사명령을 관련 부서에 의뢰 하죠..

연번	소속	계급	군번	성명	주민 등록 번호	조사 목적	기간		적부 결과	비고
							접수	회보		
21-1	00과	이병	2556	이산	0000-	비취 인가	21.1.2	21.2.2	적격	

③ 명령이 발령되면 비밀취급 인가증과 관련된 양식을 작성하면 조치가 끝납니다.

연번	계급	군 번	성명	직책	보직 연월일	비취증 발급근거	출입증 발급일자
21-1	이병	2556	이산	00병	21.1.2		

또한, 부대 출입 및 비밀공사 등 사유로 신원조사를 받은 민간인도 국가 보안시설 및 보호장비가 있는 부대에 출입하기 때문에 주기적인 신원조사를 실시합니다.

보안사례

2009년 예비역 공군 소장이 군사기밀을 수집하여 해외 무기회사에 넘겨준 혐의로 구속된 사례가 있었다.

예비역 장군으로 전역하여 민간인 신분에서 현역시절 신분을 이용하여 부대시설을 출입하였는데 아무런 제재를 받지 않았다.

그는 현역시절 무기 개발 부서의 부서장으로 임무를 수행하여 전역 후 경험을 토대로 국내외 시장 및 정보 분석을 전담하는 회사를 설립하여 해외 무기회사의 정보조사를 요청받아 범행을 저지른 사건으로 알려졌다.

2-7 (보안담당관)

서부 개척시대 무법자들로부터 마을을 지켰던 보안관처럼 부대 보안업무를 지키고 관장하는 사람을 '보안담당관'이라고 합니다. 보안담당관은 소속부대 또는 기관장의 임무를 받아 부대 또는 기관의 전반적인 보안에 대한 조정·감독 업무를 수행하는데 여러분들도 이 자리에 갈 수 있으니 어떤 일을 하는지 한번 살펴볼까요?

* 기관장이란 국가기관을 운영하는 책임자를 말한다.

2-8 (보안담당관 임무)

첫째, 모든 일에 순서가 있듯이 보안담당관은 부대 보안 활동을 어떻게 할 것인지 계획을 작성합니다.

둘째, 수립된 계획을 기초로 보안사고 사례와 최신 군사보안 내용 등을 교육하고, 보관된 비밀을 전쟁이나 화재 등으로 취약 시 대응하기 위해 안전지출 및 파기계획을 수립합니다.

* 안전지출 파기계획이란 전쟁이나 화재로 긴급하게 비밀을 보관하는 장소에서 빼내어 손실되지 않도록 하는 계획

셋째, 비밀취급 인가 및 취소에 관한 업무, 보안감사, 보안 조치, 보안성 검토에 관한 업무, 보안예규 작성, 군사기밀 유출 및 보안사고의 조치, 비밀보유 및 비밀취급 인가자 현황 유지 등 다양한 임무를 수행합니다.

넷째, 대대급 이상 부대는 참모부 비밀을 한곳에 모아 보관 및 관리하는데 이곳이 바로 '비밀합동보관소'입니다. 명칭에서 느껴지듯 적에게 빼앗기면 군사보안 및 국가안보에 중요한 영향을 미칠 수 있는 군사통제구역입니다. 통상 지휘통제실 내에 별도의 공간으로 구성되어 있어 관리책임관 교체 시 업무 공백이나 비밀 분실 등이 발생하지 않도록 보안담당관이 직접 확인하는 곳입니다.

* 지휘통제실은 주간 및 야간에 부대경계, 상황관리, 출입조치 등 전반적인 사항을 확인하고 통제하는 장소를 말한다.

만약, 귀찮아서 본인의 비밀을 부하를 통해 꺼내오게 하는 상급자가 있다면 분실 시 꺼내온 사람에게 책임이 있으니 꺼내오는 일이 없도록 해야 합니다.

2-9 (분임 보안담당관 임무)

보안담당관이 많은 일을 혼자서 하면 너무 힘들고 놓치는 부분도 많아지겠죠? 그래서 이를 보좌하여 보안업무를 수행할 수 있도록 부대별로 분임 보안담당관을 운용한답니다.

특히, 전문지식과 기술이 필요한 정보통신 분야의 경우 전문성을 갖춘 간부를 정보통신 분임 보안담당관으로 임명하여 보안담당관에게 부족한 영역을 도움을 준답니다.

분임보안담당관은 보관책임관 "정"을 겸임할 수 있으며, 이 경우 분임담당관 임무와 함께 자기부서의 비밀 및 보안업무를 관리 및 감독합니다.

2-10 (보관책임관 임명)

보안담당관이 부대 보안업무에 대한 전반적인 사무를 관장한다면 각 부서는 어떨까요? 각 부서는 보관책임관 "정", "부"를 임명하여 보안업무를 책임지는데 이들의 임무는 비밀을 최선의 상태로 보관하고 비밀누설·도난·분실 및 그 밖의 손괴 등의 방지를 위한 감독을 이행해야 하죠. 회사에서도 팀장, 과장이 있듯이 부대도 부서별로 조직의 장이 그 역할을 하고 있다고 생각하면 됩니다.

보관책임관 "정"은 비밀을 보관하고 있는 해당 부서장이 그 일을 수행합니다. 예를 들어 인사과 소속이면 인사과장이 "정"의 임무와 책임을 집니다.

보관책임관 "부"는 비밀을 취급 관리하는 실무자를 말합니다. 예를 들어 내가 인사과의 인사업무담당 실무자라면 나의 비밀에 대한 책임과 함께 보관책임관 "부"의 역할을 수행 하는 것이죠.

2-11 (비밀합동보관소 관리책임관 임무)

비밀합동보관소는 각 부서의 보관 공간과 경계 등을 고려하여 통상 대대급 이상 부대에 설치하여 참모부의 비밀 등을 통합 보관하는 곳입니다.

다수의 비밀이 보관되어 있는 합동보관소 관리책임관의 임무는 비밀의 도난을 방지하고 기타 사고방지를 위한 경계와 안전관리에 대한 책임이 있답니다.

또한, 합동보관소에 보관되어 있는 용기의 숫자와 현황이 일치하는지 파악하고 출입 인원에 대한 확인을 하죠.

비밀합동보관소는 관리책임관이 그 임무를 다하고 교체가 될 때는 인수인계서를 작성합니다. 비밀의 이상 유무 등을 서면으로 기록하고 최종적으로 보안담당관이 확인 서명을 하죠.

상황해결

1. 분임 보안담당관으로서 전역 간부에 대한 조치를 기술하시오.

2. 신원조사 의뢰 대상자 명부를 작성하시오
   (대상: 작전과 상병 21-2121 백두산)

연번	소속	계급	군번	성명	주민등록 번호	조사 목적	기간		적부 결과	비고
							접수	회보		

과제/발표 

상황1	중사 한라산은 대대 보안담당관으로 임명되어 2년 동안 임무 수행 중이다. 0월 0일 대대로 전입 온 하사 지리산과 유달산에 대한 전입 간부 확인 및 조치사항을 기술 하시오

1. 출입증 신청 절차

2. 개인 상용정보통신장비 반입

3. 업무 인수인계 시 주요 확인사항 조치방법

상황2	중사 한라산은 대대 보안담당관으로 임명되어 2년 동안 임무수행 중이다. 지휘관으로부터 보안예규를 작성하라는 지시를 받아 보안담당관, 정보통신 분임보안담당관, 비밀합동보관소 관리책임관에 대한 임무를 작성해야 한다.

1. 보안담당관

2. 정보통신 분임보안담당관

3. 비밀합동보관소 관리책임관

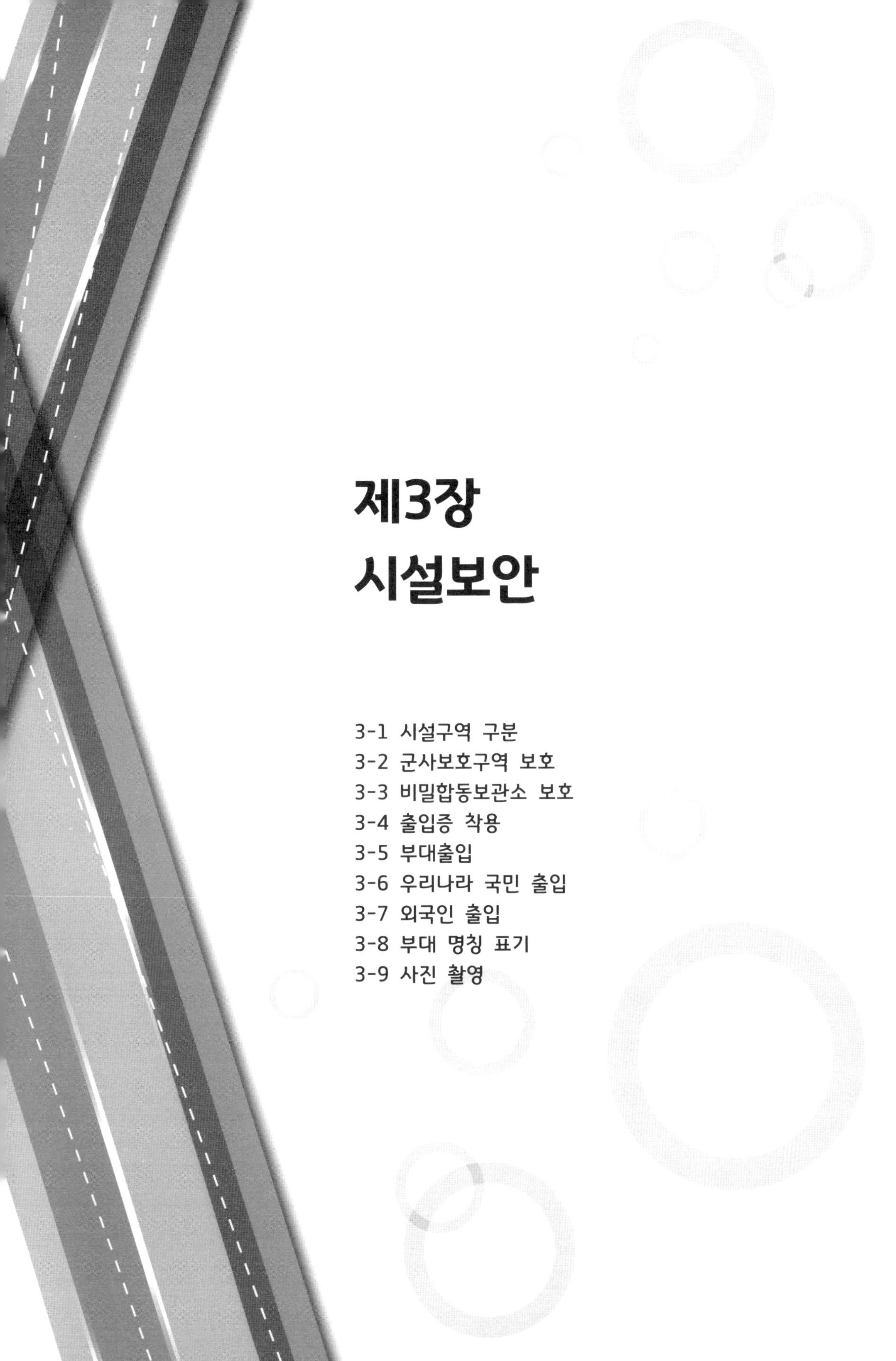

제3장 시설보안

3-1 시설구역 구분
3-2 군사보호구역 보호
3-3 비밀합동보관소 보호
3-4 출입증 착용
3-5 부대출입
3-6 우리나라 국민 출입
3-7 외국인 출입
3-8 부대 명칭 표기
3-9 사진 촬영

요 약

3장 시설보안은 군사보호구역에 대한 이해와 시설물 표지 및 비밀을 보관하는 비밀합동보관소의 보호대책에 대해 알아보고 내국인 및 외국인 부대 출입 시 절차 등에 관하여 기술하였다.

3-1항~3-3항

3-1항부터 3-3항은 군사통제구역과 군사제한구역에 대한 표지, 군사보호구역 대상을 알아보고 비밀을 보관하는 비밀합동보관소 보호대책에 대하여 기술하였다.

3-4항~3-9항

3-4항부터 3-9항은 부대 출입 시 절차와 우리나라 국인 및 외국인 출입 절차, 부대 명칭 표기 시 방법 등을 기술하였다. 단원의 마지막은 상황해결, 과제/발표로 구성하여 시설보안에 대한 이해와 복습이 진행되도록 구성하였다.

♠ 적의 능력과 의도를 알고 아군의 그것을 알고 있으면 백번 싸워도 위태롭지 않다.
- 손자병법 -

3-1 (시설구역 구분)

카페나 식당에 가면 주방, 화장실도 있지만 직원 전용 구역처럼 통제되는 구역을 보았을 것입니다. 군부대도 시설의 중요도와 비밀취급인가 여부에 따라 지휘관이 아래와 같이 구분하여 필요한 보안대책을 강구 하고 있습니다.

① 군사 보호구역은 한마디로 말하면 부대 내 가장 중요한 구역이라 할 수 있죠.

적에 의해 파괴되거나 빼앗기면 안 되는 구역으로 그만큼 군사보안 측면에서 부대에 미치는 영향이 큰 곳이죠. 그리고 이곳은 허가되지 않은 사람의 출입을 엄격히 통제하고 있으며 이를 '군사통제구역', '군사 제한구역'으로 구분하고 있습니다.

이 곳에는 출입을 경고하는 경고간판을 부착하며 '군사통제구역'은 비밀취급인가자만 출입을 허용하고 '군사제한구역'은 업무상 관계있는 사람만 출입을 허용합니다.

② 지원시설구역은 군사작전을 지원하는 시설에 대한 구역으로 학교에도 학생들을 지원하는 지원부서가 있듯 군에도 행정 업무와 의식주를 지원하는 군수시설, 교육시설 등이 여기에 해당합니다.

③ 일반시설구역은 민간인이 출입하거나 외부에 노출 되어도 군사보안 및 국가 안보상 별다른 영향을 미치지 않는 지역을 말하죠.

친구나 가족들이 면회를 가면 자주 이용하는 면회실이나 군 내 편의시설, 다양한 종교시설 등이 여기에 해당하죠.

* 구역을 구분하는 이유는 임무 · 용도별로 보안대책 수준을 차등화하여 보안으로 인한 장병 불편을 최소화하기 위함이다.

3-2 (군사 보호구역 보호)

군사 보호구역은 비밀을 보호하기 위해 다양한 방법으로 보호 대책을 강구하는데 어떻게 보호해야 하는지 살펴보겠습니다.

① 군사통제구역 보호

가. 어떤 사람이 들어올 수 있는지 출입자 범위를 설정하고 주·야간 보호되도록 경계대책을 강구합니다. 아파트 경비실에서 출입하는 차량을 확인하는 것처럼 출입자에 대한 통제 및 확인을 위해 출입지역에 사진, 인적사항이 기록된 용지 등을 부착하여 활용하고 있죠.

나. 보호 되려면 외부에서 볼 수 없도록 하거나, 돌멩이나 파괴 물질에 의해 쉽게 망가지면 안 되겠죠? '내집이다'라 가정한다면 창문에 방범창을 설치하고, 출입문에 비밀번호 등 잠금장치를 설치할 것입니다. 부대 보호구역은 허락되지 않은 녹음이나 도청을 방지하기 위해 주기적으로 도청 여부를 확인합니다. 또한, 출입구 경계인원 운용 및 CCTV 설치 등 경계대책을 강구하죠.

다. 첨단 보안장비를 이용한 보안대책은 부대 실정을 고려하여 설치하죠. 군사통제구역으로 지정된 장소나 시설은 통제구역 표시 이외의 어떤 표시도 하지 않습니다.

라. 위 사항들을 지키는 것도 중요하지만 각 통제구역 기능 및 성격에 따라 출입 가능 인원을 달리 설정하는 것도 중요하죠. 허가된 인가자라 해도 다른 통제구역에는 출입을 금지 시키는 것 또한 중요하답니다.

② 군사 제한구역 보호

가. 건물 출입구 통제 및 인가자에 한하여 출입하는 구역으로 통상 지휘관실 등을 제한구역으로 설정합니다. 업무관련이 없는 인원이 출입하지 않도록 하고 있습니다.

나. 비인가자는 당연히 감독자 통제를 받아 출입하겠죠.

3-3 (비밀합동보관소 보호)

적에게 빼앗겼을 때 군사보안 및 국가안보에 중요한 영향을 미칠 수 있는 곳이 비밀합동보관소죠. 그럼 이곳은 어떻게 보호를 해야 할까요? 출입을 외부에서부터 통제할 수 있도록 「열쇠관리」와 「다양한 보호 대책」으로 구분합니다.

먼저 열쇠 관리를 살펴보면 합동보관소의 출입문과 보관 용기의 열쇠는 '일상용'과 '비상용'으로 구분 관리합니다. 특히, 비상용 열쇠(번호키는 번호 포함)는 당직실 내 봉인된 비상열쇠함에 보관하여 당직근무자가 긴급 상황 시 사용할 수 있도록 준비를 해야겠죠.

* 비상열쇠 보관함 내 열쇠 번호와 보관함 열쇠번호를 일치시켜 부착하며 적당한 여백에 열쇠보관함 현황표를 작성하여 활용

열쇠는 사람을 잘 통제하기 위한 수단이었다면 위협적인 상황이나 물리적인 수단으로부터 보호하기 위한 보호 대책은 다음과 같이 예방을 하고 있습니다.

첫째, 화재 · 파기 · 도난 및 투시로부터 보호해야 하는데 이는 소화도구 비치, 방범창 설치 등 다양한 방법으로 보호합니다.

둘째, 주 · 야간 경계대책인데 이는 지휘통제실 내에 정보작전 실무자와 당직 근무자에 의해 상시 경계를 합니다.

셋째, 전쟁이나 긴급한 상황 시 비밀을 파기할 것을 고려하여 긴급 파기 도구를 비치하고 비밀 이동에 필요한 휴대 용기를 함께 보유합니다. 또한 비밀을 안전하게 지출하고 파기하기 위해 관련 계획을 숙지하여 위협적인 상황에 대비합니다.

3-4 (출입증 착용)

부대를 출입하기 위해서는 신분확인 가능한 출입증을 각급 부대의 장이 발급합니다. 출입증 제작 시 위·변조 방지 기능을 포함하고, 부대 내 출입 가능지역을 구분할 수 있도록 색상, 도안 등을 상이하게 하여 제작을 하여 사용하고 있습니다. 다만, 장군 부대장이 승인한 경우 전자공무원증, 공무직 신분증을 출입증으로 활용할 수 있는데 대부분의 군 간부는 전자공무원증으로 부대를 출입하고 있습니다.

3-5 (부대출입)

* 부대 출입 시 조치
1. 안내자 임명, 방문범위 설명 등 보안조치
2. 차량 블랙박스 가림

부대 출입문을 통상 위병소라고 부르고 있는데 군대가 집단으로 거처하고 있어 사전적으로는 영문이라고 합니다.

① **영문 출입 가능 인원을 우선 살펴보면,**

가. 해당 부대에서 발행한 출입증을 제시하는 사람

나. 해당 부대에 공문 또는 위병소 관리시스템 등을 이용하여 부대 출입이 신청·승인되고, 출입 시 공무원증(신분증)을 제시하는 사람

다. 임시 출입증을 받은 사람이 출입 가능합니다.

② 영문 출입 가능 차량은,

가. 해당 부대에서 발행한 차량 출입증이 부착된 차량

나. 출입하고자 하는 부대에 공문 또는 출입통제체계, 위병소 관리 시스템 등을 이용하여 부대 출입이 신청·승인된 군 차량 또는 임시 출입증을 받은 차량

③ 다문화 시대에 군인하고 결혼한 외국인이 우리나라 국적을 취득하기 전에 부대 출입을 하려면 여권과 비자 등 신원을 확인합니다. 군인이 아니기에 보안 서약서를 작성하고 출입증을 발급받아 출입할 수 있습니다. 이때 초청한 간부가 영문을 나갈 때까지 보안규정 준수 여부를 확인하고 통제를 잘해야 합니다.

④ 부대에도 고용되어 일을 하는 민간인이 있습니다. 바로 영내 복지시설(이발소, 충성마트 등)에 근무하는 사람으로 이 사람들도 사전에 신원조사를 실시한 후 출입증을 발급하죠.

* 충성마트는 과거에 PX 라고 불림

3-6 (우리나라 국민 출입)

각급 부대장은 군사시설이나 작전지역에 우리나라 국민의 출입을 허용할 경우 승인권자의 승인과 필요한 보안대책을 수립해야 하는데 그 승인권자는 다음과 같습니다.

* 작전이란? 군사적 목적을 달성하기 위해 군 조직이 수행하는 활동

* 작전지역이란? 작전을 위해 지휘관에게 권한과 책임이 부여된 지역

방송에 나오는 군 관련 기사취재와 촬영은 국방부 및 각 군의 홍보 보도규정에 따라 출입을 허용합니다. 취재의 경우 통상 공보정훈 계통(기업이나 공공기관 대변인 역할) 과의 협조를 통해 보도자료를 제공하죠.

부대에 초청받거나 학교나 단체에서 부대를 견학하거나 장병 위문을 위한 방문, 군사관련 학술연구 등을 위해 부대를 방문하기도 하죠.

이때는 해당 부대의 장군급 부대장의 승인을 받아야 하며 다만, 부대개방의 날 행사와 같이 지역 주민들과 친목 도모를 위한 부대 출입은 영관급 부대장이나 이와 동등한 직위자가 출입을 허용할 수 있습니다.

우리나라 국민의 출입을 장군급 부대장의 승인으로 제한한 이유는 무엇일까요? 그 이유는 부대 내 군사자료와 군에 관련된 주요사안이 무분별하게 외부로 나가지 않도록 통제하고, 부대 업무에 지장이 초래될 수 있는 출입을 선별적으로 허락할 수 없도록 근거를 제공하기 위해서입니다.

부대를 출입할 경우 현장에서 출입자 전 인원의 신원 및 차량 확인, 출입증 교체, 사진 촬영 통제, 필요하면 보안교육 등 보안 조치를 추가로 시행합니다.

3-7 (외국인 출입)

야전 부대에서 외국인을 접할 기회가 적지만 외국인을 상대하는 업무를 하거나 근무할 경우를 생각한다면 그 출입에 대한 방법을 알아야 합니다.

① **외국인이 우리 군과 회의를 위해 참석하는 경우 우리나라 인원이 회의 개최국에서 방문한 지역과 부대를 고려하여 이를 허가할 수 있으나 보안상 유해 정도를 검토해야 하며, 유해하다 판단되는 장소는 방문을 통제해야겠죠.**

② **취재가 승인되지 않았을 때는 홍보 및 보도규정에 따라 녹음, 촬영 등의 행위를 금지해야 합니다.**

3-8 (부대 명칭 표기)

사람에게 이름이 있듯이 부대마다 숫자나 글자로 된 이름이 있는데 이를 부대 명칭이라 합니다.

부대의 규모와 기능, 특성 등의 노출방지를 위하여 4자리 숫자로 사용하는데 이를 '통상명칭'이라고 합니다. 통상명칭은 적으로부터 부대의 위치 노출 등을 방지하기 위해 사용하며 부대 간판도 통상 명칭을 사용하고 있습니다.

일반인에게 숫자 형태의 이름으로 부대 명칭을 부르면 잘 모르겠죠. 그래서 이를 대신하여 00보병사단과 같이 '고유명칭'을 사용하고 있는데 이 경우 상징명칭(독수리 부대) · 부대표지(마크)는 동시에 혼용 사용할 수 있습니다.

하지만 통상명칭 사용 시 고유명칭 · 상징명칭 · 부대표지 등을 혼용 사용할 수 없으며, 전자문서 체계상 부대 명칭이 혼용 표기되지 않도록 조심해야 합니다.

3-9 (사진 촬영)

군사시설이나 장비에 대한 사진 촬영(동영상 포함)을 통제하는 목적은 우리 군의 능력과 의도, 행동 등 중요정보가 적에게 노출되는 것을 사전 차단하는 데 있습니다.

① 부대시설에 대한 사진 촬영은 군사보안 측면에서 일부 금지 되는 사항이 있습니다.

첫째, 군사 보호구역이나 보호해야 할 보안장비는 촬영이 금지 됩니다.

둘째, 부대의 경계상태를 노출시키는 사진이나 군사 장비가 적에게 노출되면 유추하여 판단할 수 있는 시설이나 장비는 촬영을 할 수 없습니다.

* 전투기, 함정 촬영 군 홍보 차원에서 각급 부대장이 승인한 대상은 일시적으로 촬영을 할 수 있다. 핵심 성능 노출되는 장면은 촬영 제한.

셋째, 전쟁영화를 보면 밤에 우리 편인지 서로 알아보기 위해 암호를 주고받는 모습을 보았을 것입니다. 이러한 암호와 같은 보안 자재나 암호 장비도 사진 촬영을 할 수 없습니다.

② 제1항에 의해 부대시설, 장비 및 지역을 사진 촬영 금지대상으로 설정하여 '사진촬영'을 아래와 같이 표지를 부착합니다.

경고 (Warning) 이 시설물(장비)의 무단 사진촬영을 금함 Photographing of this facility(equipment) is prohibited ○○○○부대장

상황해결

1. 부대 출입 시 담당 간부로서 현장에서 조치사항을 설명하시오
2. 통상명칭과 고유명칭을 예를 들어 설명하시오

과제/발표 

상황1	중사 한라산은 부대 보안담당관으로 상급부대 보안감사 수검준비 중에 있다.

1. 군사통제구역 출입 시 취약요소를 기술하고 보안대책을 작성하시오

2. 부대 내 군사시설 보안 취약요인을 염출하고 보안대책을 작성하시오

상황2	부모님 초청 부대개방 행사를 위해 계획수립 토의를 준비하고 있다. 나는 민간인 출입 안내 담당자로 관련된 보안업무를 제시해야 한다.

1. 민간인이 부대 출입 시 보안 취약요인을 염출하고 보안대책을 기술하시오

2. 부모님 중 부친이 현역군인으로 부대 출입 시 조치사항을 기술하시오.

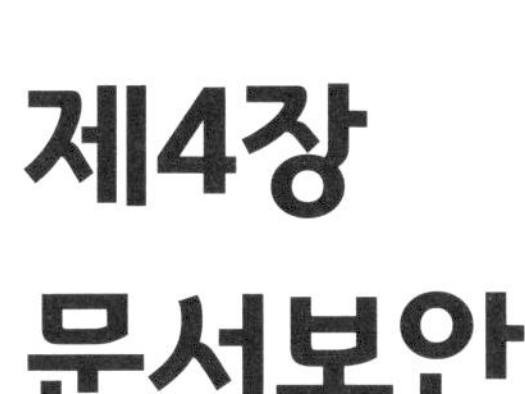

제4장 문서보안

4-1 비밀의 구분
4-2 비밀 분류원칙
4-3 비밀 분류기준
4-4 비밀생산 시 보호대책
4-5 비밀의 생산
4-6 비밀의 표시
4-7 관리번호
4-8 비밀관리기록부
4-9 비밀관리기록부 갱신
4-10 비밀이력카드 작성
4-11 비밀바인더
4-12 비밀관리 원칙
4-13 비밀 분리/관리
4-14 비밀 지출, 대출, 열람
4-15 예고문 부여
4-16 비밀의 보관기준
4-17 비밀보관 용기
4-18 비밀 파기
4-19 비밀 존안

요 약

4장 문서보안은 보안업무를 취급하면서 가장 빈번하게 접히는 사항으로 비밀에 대한 분류기준과 각종 보안업무 양식 작성 및 절차를 알아보고 주요문서는 작성방법을 제시하였다.

4-1항~4-3항

4-1항부터 4-3항은 비밀을 이해하기 위해 비밀에 대한 분류와 지정방법에 대하여 간략하게 기술하였다.

4-4항~4-19항

4-4항부터 4-19항은 비밀의 생산방법과 보호대책, 비밀문서 작성 시 작성방법을 제시하였으며, 생산된 비밀을 관리하기 위한 비밀관리기록부 작성과 비밀의 파기 및 존안까지 전반적인 절차를 기술하였다. 단원의 마지막은 상황 해결, 과제/발표로 구성하여 시설보안에 대한 이해와 복습이 진행되도록 구성하였다.

♠ 시간과 정성을 들이지 않고 얻을 수 있는 결실은 없다. - 그라시안 -

4-1 (비밀의 구분)

비밀이란 국가안전 보장에 해를 끼칠 우려가 있는 국가 기밀을 말하며 일반인에게 알려지지 않은 것으로서 군 관련 문서, 도화, 전자기록 등 기록 또는 물건을 군사기밀이라 한다. 비밀은 그 중요성과 가치의 정도에 따라 I급 비밀, II급 비밀, III급 비밀로 구분하고 있습니다.

① I급 비밀: 군사기밀 중 누설될 경우 국가 안전보장에 치명적인 위험을 끼칠 것으로 명백히 인정되는 가치를 지닌 것으로 외교가 단절되거나 전쟁을 일으킬 수 있는 수준이라 할 수 있죠.

② II급 비밀: 군사기밀 중 누설될 경우 국가 안전보장에 막대한 지장(현저한)을 끼칠 것으로 명백히 인정되는 가치를 지닌 것이죠.

③ III급 비밀: 군사기밀 중 누설될 경우 국가 안전보장에 해(상당한 위험)를 끼칠 것으로 명백히 인정 되는 가치를 지닌 것이죠.

비밀은 작성, 분류 등 시행과정에서 외부로 유출되거나 누설 되지 않도록 보안대책을 수립하고 안전보장에 영향을 미칠 수 있는 내용은 내용을 공개하지 않습니다.

여기서 이런 의문이 들 것입니다. 문서를 다루다 보면 비밀은 아닌데 일반문서로 하기에는 민감한 내용이 있다면 어떻게 해야 할까요?

그에 대한 해답은 직무상 특별히 보호가 필요한 사항은 '비공개 업무자료로 분류'하여 관리 및 보호하도록 우리 군에서 규정화 되어있어 업무와 관계되지 아니한 사람이 열람, 복제·복사, 배부할 수 없도록 보호하면 됩니다.

* 기밀이란?
외부에 드러내서는 안 되는 중요한 비밀

* 미국 비밀등급?
Top Secret, Secret
Confidential

4-2 (비밀 분류원칙)

비밀은 적절히 보호할 수 있는 최저 등급으로 분류해야 하며 과도 또는 과소 분류하면 안 됩니다. 비밀은 그 자체의 내용과 가치의 정도에 따라 분류하는 것이죠.

비밀이라 해서 비밀 보관 장소에 넣어두고 보관하는 것이 아니라 필요할 때 그 내용을 읽고 활용을 해야 합니다. 만약 모든 비밀을 I급으로 분류하면 관리는 잘 되겠지만 일을 하는 사람은 내용을 보기가 어려워 활용가치가 떨어지기 때문에 적절한 등급으로 분류가 필요합니다.

비밀취급 인가를 받은 사람은 인가받은 비밀 및 그 이하 등급 비밀의 분류권을 가집니다. 일반 자격증에도 급수가 있는 이유는 급수에 따라 요구하는 수준과 지식이 다르기 때문이죠. 비밀도 높은 등급에 있는 사람이 당연히 하위등급에 대한 분류권을 가지게 되겠죠.

또한, 타 비밀과 관련하여 분류하여서는 안 되며 외국 정보나 국제기구로부터 접수한 비밀은 그 생산기관이 필요로 하는 정도로 보호할 수 있도록 분류해야 하죠.

다양한 비밀을 어떤 기준으로 비밀등급을 분류할까요?

학창시절 국어, 영어, 수학 등 다양한 과목을 공부하면서 학년별, 과목별 유형과 수준이 달랐을 것입니다. 이렇듯 비밀도 활용 목적과 가치의 정도가 달라 세부분류 지침과 기준을 마련하여 비밀등급을 부여하여 관리를 하고 있습니다. 예를 들어 00계획은 II급, 000 규칙은 III급 등으로 그 기준을 정해 분류하는 것이죠.

4-3 (비밀 분류기준)

비밀등급을 정하는 데 있어 무엇을 기준으로 등급을 부여할 것 인가에 대한 고민을 해결하는 것이 비밀 분류기준입니다.

하지만 아무나 그 기준을 정한다면 똑같은 자료인데 등급이 천차만별이 되기 때문에 장성급 장교 및 그와 동등한 직위자가 지휘하는 부대의 장이 '비밀분류기준'을 적용하여 자체 비밀세부분류기준을 정하도록 부대별로 규정화하고 있습니다.

시중 제품이 성능에 따라 1등급, 2등급으로 분류하듯 비밀도 중요도에 따라 등급 기준을 정해 놓았다고 보면 될 것입니다.

분류기준은 부대 임무 및 특성에 부합하도록 구체화하되, 상급부대 기준보다 과도 분류하여 불필요한 비밀을 생산하거나 과소 분류하여 비밀로서 적절하게 보호되지 못하게 해서는 안 됩니다.

또한, 자체 비밀세부분류기준을 정할 때는 비밀의 공개 등 해당 기관의 보안업무 수행에 관한 중요 사항을 심의하기 위해 있는 보안 심사위원회의 심의를 거쳐 결정합니다.

비밀로 생산한 것을 등급을 분류하고 최종적으로 비밀을 지정하는 방법과 그 권한은 장성급 장교 또는 지정권자로 명시된 편제상 중령급 이상 장교가 비밀지정권자가 되어 최종적으로 지정하게 되며 비밀로 지정되기 전까지는 실무자가 분류한 등급으로 보관·관리해야 합니다.

마지막으로 비밀을 만든 근거인 기안문 표지 "끝" 자 밑에 아래와 같이 비밀분류 근거를 명시해야 합니다.

"예시" (비밀세부분류기준 ○○분야 ○○항 ○호에 의거 분류)

* 기안문이란?
생각이나 계획을 정리하여 문서를 만드는 것

4-4 (비밀생산 시 보호 대책)

비밀은 보안이 생명인 만큼 만들기 시작한 순간부터 보호대책을 강구해야 하는 데 어떠한 대책들이 있는지 살펴보겠습니다.

① 내가 만드는 비밀문서와 '관련이 없는 인원의 접근통제'가 되어야 합니다.

문서를 작성할 때 누군가 옆에 와서 보고 있거나 사진을 촬영하고 있다면 정중하게 자리를 이탈해 줄 것을 요청하고 문서를 닫아 놓으면 좋겠죠. 컴퓨터로 작업 중일 때는 화면 창을 닫아주는 것도 하나의 방법이기도 합니다.

② 문서를 만들 때 앞서 언급했던 부대의 비밀세부분류기준에 따른 비밀 분류를 결정하고 '가짜 제목(이하 '가 제목') 사용 여부 결정'하는 것이 중요합니다. 비밀문건이 그 제목으로 인하여 내용이 노출될 우려가 있는 경우에는 최초 기안 시부터 가 제목을 사용하도록 하는 것이 보안 유지에 도움이 되겠죠.

③ 일을 하다보면 화장실을 다녀온다거나, 상급자가 찾아 급하게 자리를 이탈해야 하는 상황 등이 생기기도 합니다. 이럴 때 통상 "잠깐 다녀오는 데 문제 있겠어?"라는 생각에 작성하고 있던 비밀문서를 방치하여 분실되면 보안사고자로 조치를 받은 경우가 종종 있습니다. 자리를 이탈할 때에는 반드시 문서에 '비밀표지를 부착'하고 '서랍에 잠금장치'하여 보관하여 분실하지 않도록 해야 합니다.

④ 비밀을 생산하는 시점부터는 최종적으로 완료되기 전까지 등재된 비밀처럼 관리해야 하며 사람들과의 대화 속에서 비밀이 누설되지 않도록 주의를 해야 합니다.

⑤ Ⅰ급 비밀은 별도 생산 장소를 설정하고 무장 군사경찰을 배치하여 출입자를 통제해야 합니다.

* 헌병 병과가 군사경찰로 명칭 변경

⑥ 작업 간 및 작업 완료 후 발생한 폐지는 반드시 세절기를 이용하여 다른 사람이 획득하여 사용하지 못하도록 파기 처리해야 합니다.

* 세절기란?
문서의 내용을 알아보지 못 하도록 가늘게 절단하는 기계를 말함

비밀문서를 작성하고 다 끝났다는 생각에 그동안 출력한 비밀문서 폐지가 이면지 함에 섞여 들어가 자신도 모르게 외부로 유출되는 사례가 발생 될 수 있습니다.

4-5 (비밀의 생산)

① 업무용 PC를 이용하여 비밀문서를 직접 만들 때 방법을 살펴보겠습니다.

가. 우선 타인과 공유되지 않도록 네트워크가 차단된 PC에서는 하드디스크 또는 비밀을 작성할 때 사용하는 비밀작업용 저장매체만 사용하여 작업을 합니다. 다만, 하드디스크에 작업 시 일과 종료 후 저장매체에 저장 후 하드디스크 내 비밀은 소거하고 저장 매체는 비밀 보관함에 보관해야 합니다.

나. 통제구역 내에서 네트워크가 차단된 PC에서 작업 시 하드디스크를 이용하여 작업 및 보관이 가능합니다. 하지만 타인과 공동 사용은 불가함을 명심하세요.

다. 파일에는 비밀번호 설정, 자동백업 및 저장 기능을 해제해야 합니다. 이는 비밀작업 종료 후 내용이 PC에 남아있지 않도록 하기 위함이죠. 자리이탈 시 화면보호기용 비밀번호를 설정하거나 전원을 차단하여 노출을 방지해야 합니다.

라. 하루에 비밀문서를 만드는 경우는 보기 드물죠. 다음날까지 계속 작업 시 작성한 문서 초안지 및 저장매체는 비밀보관함에 보관하여 분실되지 않도록 해야 합니다. 초안지도 비밀성 내용이기 때문이죠.

마. 작업 종료 시에 비밀등급 · 음영 표시 · 쪽 표시 등 표기 여부를 최종 확인하여 누락 되지 않도록 해야 합니다.

바. 소설이나 일반 책도 양이 많으면 수권으로 나누어 출판을 하게 됩니다. 비밀문서도 내용이 많아 부득이하게 수 개의 분리가 필요한 때가 있죠. 이 경우 1건의 비밀을 2개 이상의 저장매체에 저장 관리할 때에는 관리 번호를 동일하게 기록하고 제목 우측에 총 매체 수와 저장 매체 일련번호를 기재합니다.
"예시": 00계획(2-1), 00계획(2-2)

* 초안지란?
문서가 완성되기 전 작성하고 있는 문서를 말함

사. 출력한 후 초안지는 세절 및 소각 처리하고 하드 디스크 내 비밀내용 보관 여부를 확인하여 반드시 삭제가 되도록 해야 합니다.

아. 사본을 CD 또는 파일로 생산 배부 시에는 기안문에 '출력 후 CD/파일은 파기/삭제' 또는 'CD/파일은 사본으로 등재' 등 처리방법을 명시하여 비밀에 대한 근거가 명확하게 식별될 수 있도록 해야 합니다.

〈업무용 PC이용 작업방법 요약〉

- 하드디스크 또는 비밀작업용 저장 매체 사용
- 파일에 비밀번호 설정, 자동 백업 및 저장 기능 해제
- 자리 이탈 시 화면보호기용 비밀번호 설정
- 비밀등급, 음영표시, 쪽 표시, 관리번호, 보호 기간 출력 시 자동 표시되도록 비밀분류 근거 입력
- 생산(출력) 후 초안지는 세절

야전 보안업무

「결재 및 등재 시 위반사례」

- 지휘관이 부재중인 경우 비대면으로 결재 상신으로 비밀 방치
- 비밀등급, 배부선 등을 형식적으로 파악하여 과다하게 생산
- 결제 후 작업용 저장매체에 저장된 비밀 미 소거

② 문서작성 후 비밀 결재 및 등재 시

가. 비밀 생산자는 전쟁 시 활용이 필요한 비밀은 전시비밀로 분류하여 표시하고 비밀등급 및 보호기간/보존 기간 명시, 배부선을 첨부하여 결재를 받죠.

나. 비밀지정권을 가진 결재권자는 생산자가 분류한 비밀등급, 보호기간, 보존기간, 전시 비밀분류 타당성 등을 확인 합니다. 예를 들어 인사과장이 만든 비밀은 부대의 장인 여단장이 결재하면 비밀로 지정되죠.

다. 결재와 동시에 결재를 받는 비밀은 접수용 비밀관리기록부에 등재(작성)하고 저장매체는 사본 등재를 원칙으로 작성합니다.

* 등재란? 비밀이 최종 결재가 되면 비밀관리 기록부에 그 내용을 적어 놓는 것

* 보호기간은 비밀을 생산한 부대에서 기록물 관리기관으로 이관하기 전까지 활용 및 보호해야 할 기간을 말함

* 보존기간은 비밀원본을 원래 상태로 보존이 필요한 기간을 말함

라. 마지막으로 소거 전용 프로그램을 이용하여 비밀작업용 저장매체와 하드디스크 내 비밀을 복구할 수 없도록 소거하죠. 이후 비밀 전·후면 비밀표시 확인과 비밀이력카드에 해당 사항에 대한 내용을 기록합니다.

③ 비밀사본 생산 및 외부/다른 부서로 발송 시

가. 예를 들어 사본 3부를 생산 시 각각 어디에 주는지 배부선을 정하여 사본번호 부여하고 비밀 이력카드에 사본근거를 기록합니다.

나. 발송 시 발송용 비밀관리 기록부에 배부순서대로 기록하고 발송 봉투에 분류기호, 받음, 참조, 제목, 보냄내용, 비밀표시를 하며 발송 시 수령자 난에 접수자 인적사항을 기재하여 발송에 문제가 생기지 않도록 한다.

4-6 (비밀의 표시)

① 비밀은 그 취급자 또는 관리자에게 경고하고 비밀취급 인가를 받지 아니한 사람의 접근을 방지하기 위하여 분류와 동시에 등급에 따라 구분된 표시를 해야 합니다.

* 비밀 문서중앙 표시

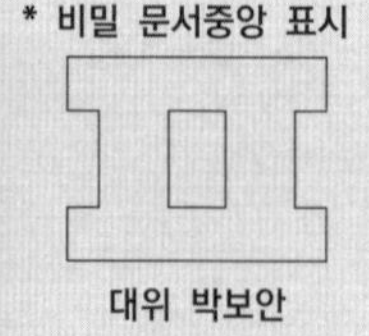

대위 박보안

② 비밀표시는 해당 비밀내용이 있는 각 면의 상·하단 중앙과 문서 중앙에 비밀임을 나타내는 표시와 생산자 인적사항 을 표시합니다.

③ 컴퓨터 출력 시는 음영 등의 방법으로 자동표시 되도록 하면 문서작성이 수월해지겠죠.

그런데 컴퓨터로 출력할 수 없는 그림, 도면 등은 어떻게 표시해야 할까요? 이때는 문서 중앙 비밀표시는 고무도장을 찍어서 표시하고, 책자 등 발간물은 측면에도 비밀등급을 표시할 수 있습니다. 문서의 전·후면 표지에는 내용 중 최고의 비밀 등급을 표시하면 됩니다.

4-7 (관리번호)

제품에 있는 바코드는 가장 빠르고 정확하게 물건을 계산할 때 도움을 주죠. 이같이 비밀에도 관리번호를 숫자 형태로 기록하여 식별 및 관리를 하고 있습니다.

① 비밀은 접수용 비밀관리기록부에 등재되는 순서에 따라 관리번호를 부여하되 문서나 책자인 경우에는 표지의 왼쪽 위에 표시합니다.

② 관리번호는 연도-개인번호-생산순서 순으로 번호를 부여하는데 개인번호는 비밀을 보관관리 하는 단위 부서 내에 같은 번호가 중복되지 않도록 비밀보관책임관 "정"이 부여 합니다.

* 개인번호는 비밀을 취급하는 자에게 번호를 부여하여 관리책임자가 명확히 식별되게 하려고 부여된 번호이다.

〈관리번호 표시〉

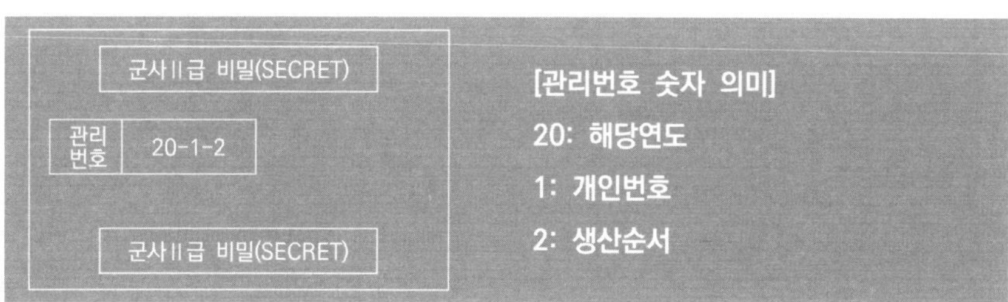

4-8 (비밀관리기록부)

비밀관리기록부는 주민등록 등본이라고 생각하면 이해하기 쉬울 겁니다. 사람이 태어나면 출생신고를 하고 이사하거나 세대주가 바뀌면 주민등록등본에 기록이 되죠.

비밀도 이같이 생산하면서부터 파기할 때까지의 모든 기록을 비밀관리기록부에 작성하여 기록 유지를 합니다.

* 결재란?
상관이 부하가 제출한 안건을 검토하여 승인하는 것을 말함

① 비밀관리기록부는 결재를 받고 난 뒤 생산되고 외부로부터 접수, 발송 및 취급되는 모든 비밀을 '비밀관리기록부'에 비밀을 직접 취급하는 개인별로 작성합니다.

② 업무를 하다 보면 일일 단위 또는 주 단위로 정기적으로 비밀을 취급하는 경우가 있는데 주로 교육 목적 등 업무를 종합하는 부서가 이에 해당합니다. 이 경우 생산 및 접수되는 비밀은 별도의 비밀관리기록부를 유지할 수 있습니다.

〈비밀관리기록부 작성 예〉

• 비밀 원본 등재 시

관리번호	접 수		문서번호	비밀등급	제목	사본번호	예고문	
	년월일	발행처					보호기간	보존기간
21-1-2	21.0.0	인사과	인사-1 (21.1.1)	II	00현황	원본/2	22.12.1	5년

(1) 관리번호 : 연도별 생산 또는 접수 일련번호 기록

(2) 연원일 : 비밀 접수 또는 생산일자

(3) 발행처 : 비밀을 생산한 부서 기록

(4) 문서번호: 비밀 문서번호와 생산일자 기록

(5) 보호기간: 비밀 보호기간 또는 처리방법을 기록

③ 내가 비밀을 가지고 있지 않거나 부서 자체 비밀의 수량이 많지 않은 경우가 있을 것입니다.

이럴 때 비밀을 취급하는 실무자가 개인별 비밀관리기록부를 기록, 유지하기에는 비효율적이기 때문에 소량의 비밀을 취급하는 부서의 경우 부서별 통합하여 관리할 수 있습니다.

④ 부서별로 비밀관리기록부를 유지하더라도 개인별로 취급하는 비밀이 다르기 때문에 관리번호 부여 시 개인번호를 사용하여 누구의 비밀인지 알 수 있도록 해야 합니다.

앞서 얘기했던 바와 같이 비밀관리기록부가 주민등록 등본이라 생각해 본다면 굉장히 중요하다는 것을 알 수 있습니다.

개인이 태어나 가족이 어떻게 구성되어 있으며 우리 집이 이사 할 때마다 각각의 주소지가 모두 기록되어 있어 행정적인 서류를 제출할 때 항상 포함되는 것이 등본입니다.

비밀관리기록부도 비밀문서에 대한 생산부터 파기까지 모든 기록을 유지하기 때문에 분실하거나 기록을 잘못한다면 역 추적해서 올바로 바로잡아야 하는 노력을 해야 할 것입니다.

4-9 (비밀관리기록부 갱신)

새해를 맞이하면 가지고 있던 수첩이나 휴대폰 속에 저장된 주요일정을 옮겨 기록했던 경험들이 있을 것입니다. 비밀도 해가 지나거나 혹은 비밀 취급자가 교체되면 비밀관리기록부를 갱신하게 됩니다.

* 갱신이란?
효력이나 기간이 끝났을 때 그 기간을 연장하거나 새로 바꾸는 일을 말함
* 이기란?
옮겨적는 것을 말함

① 비밀관리기록부를 갱신할 필요가 있을 때는 사용하던 비밀 관리기록부에서 삭제된 것을 제외한 모든 비밀 목록을 새로운 비밀관리기록부에 이기 합니다. 비밀 관리번호를 비롯한 기재된 내용 그대로 작성해야 하죠. 비밀을 이기 한다고 해서 작성된 내용을 새롭게 수정하는 것이 아닙니다. 단순히 삭제된 것을 제외하고 옮겨 적는 수준으로 보면 되겠죠.

〈비밀관리기록부 갱신〉

• 갱신 전 비밀관리 기록부

관리번호	접수		문서번호	비밀등급	제목	사본번호	예고문		비 고
	년월일	발행처					보호기간	보존기간	
21-1-2	20. 0.0	인사과	인사-1 (21.1.1)	II	00현황	원본/2	22. 12.1	5년	
21-1-3	20. 0.0	인사과	인사-2 (21.1.1)	II	00일지	원본/3	22. 12.1	3년	예고문 도래

• 갱신기록 유지(비밀관리기록부 마지막 비밀 아래 중앙에 기입)

갱신일자: 22. 12. .30
이기건수: 1건
갱신기록자: 대위 백보안 (서명)
보관책임관 '정': 중령 김인사 (서명)

② 이기가 완료되면 새로운 비밀관리기록부에 최종으로 기록된 난의 밑에 갱신 일자와 이기 한 비밀 건수, 갱신 기록자를 기재한 후 보관책임관 "정"의 확인 서명을 받아야 합니다. 보관책임관은 단순히 서명하는 역할이 아니라 최종적으로 갱신이 잘 되었는지 꼼꼼히 살펴보고 잘못된 것을 바로잡아주는 책임이 있습니다.

4-10 (비밀 이력카드 작성)

도서관에서 책을 대여하면 과거에는 책 뒤에 출납용지에 기록하여 대출된 책을 추적관리 하도록 했습니다. 지금은 전산화되어 PC에서 출납관계가 유지되고 있죠.

비밀이 비밀관리기록부에 현황이 유지되고 있다면 비밀을 가지고 나가거나 반납 등의 절차에 대한 기록은 '비밀 이력카드'를 통해 이루어지며 그 절차는 다음과 같습니다.

① 접수용 비밀관리기록부에 등재되는 모든 비밀은 비밀이력카드를 작성하여 사용합니다. 당연한 얘기죠.

② 비밀 원본의 이력카드는 생산부대에서, 비밀사본의 이력카드는 접수부대에서 작성하여 기록 · 유지하며 비밀 이력카드는 해당 비밀에 첨부(비밀을 존안 · 인계 시 포함)하여 관리하죠.

③ 지출, 대출, 파기 시에는 분리하여 관리하면 됩니다. 그리고 비밀 지출 및 대출 시 보관책임관 '부'는 이력카드를 분리하고 있다가 반납 시 해당 비밀에 다시 첨부해야 합니다.

〈비밀 이력카드 작성〉

- 군수과 인사과 비밀을 지출 및 반납 시(보관책임관 '정' : 백두산)

관리번호	21-1-2	비밀분류	Ⅲ급 비밀
문서번호	인사 234-1	보호기간	23.12.31
제 목	0000현황	사본번호	1 / 2

일자	사용목적	작성자			비 고
		계급	성명	서명	
20. 6. 22	비밀 지출	대위	이군수	이군수	중령 백두산
20. 9. 29	비밀 반납	대위	이군수	이군수	

④ 대외기관은 보안업무 훈령의 적용을 받지 않기 때문에 비밀 발송 시 비밀열람기록전을 첨부해야 한답니다.

4-11 (비밀바인더)

수업이나 시험을 준비하다 보면 필요한 자료를 복사하여 클립이나 바인더에 넣어 활용하죠.

* 바인더는 여러 건의 사본이 보관되어 첫 쪽에 목록표를 유지해야한다.

비밀도 일부 필요한 부분을 발췌할 경우 복제 및 복사하게 됩니다. 이 경우 비밀 바인더를 만들어 보관하게 되는데 어떻게 관리해야 하는지 한 번 살펴볼까요?

① 업무참고용으로 비밀을 복제 · 복사, 발췌하여 바인더를 사용(사본)할 경우에는 보관책임관 "정"의 승인을 받아 접수용 비밀관리기록부에 등재하고 바인더 첫 쪽에는 다음과 같이 목록표를 유지합니다.

〈비밀바인더 목록표〉

목록번호	접수일자	등급	제목(매수)	비 고
19-3	19. 6. 22	II	00계획(10매)	00 예규(II급) 100-20 ~100-30쪽 복사
21-1	21. 7. 21	II	00조치(5매)	00 예규(II급) 300-10 ~300-15쪽 복사

(1) 목록번호 : 목록별 삽입순서("예" '20년도 첫 번째 삽입목록 : 20-1)

(2) 접수일자 : 비밀 내용이 바인더에 삽입된 일자

(3) 등 급 : 삽입된 자료의 비밀등급

(4) 제목(매수) : 삽입된 자료의 제목 및 매수

(5) 비 고 : 각 목록별 출처 · 인용한 비밀 등을 기록

② 업무상 필요한 비밀의 일부를 복제 · 복사하여 삽입할 수 있으며, 원문 전체를 복제 · 복사하여 삽입할 필요가 있는 경우에는 비밀 이력카드에 근거를 기록하고 목록표에 기재 후 삽입하여 활용합니다.

③ 비밀바인더에 비밀의 일부를 복제 · 복사하여 삽입할 때에는 원 비밀의 이력카드에 복제 · 복사 근거를 기록하고, 비밀바인더 목록표에 삽입되는 문건의 등급 및 제목, 매수 등을 기재합니다.

④ 최신화 하기 위하여 대체 · 추가 · 수정 · 파기 시에는 그 근거를 비밀 이력카드에 기록, 유지합니다.

⑤ 비밀바인더는 1건의 비밀로 등재하되, 포함되어 있는 비밀 중 최고등급으로 분류하여야 하며, 비밀 이력카드를 첨부하여 대체 · 추가 · 수정 · 파기 근거 등을 기록 · 유지해야 합니다.

⑥ 비밀 바인더는 저장매체를 이용하여 작성할 수 있으며, 이 경우 목록표를 전자적으로 관리할 수 있습니다.

상황해결

1. 대위 김보안은 작전과 실무자로 비밀취급인가 Ⅱ급을 보유하고 있다. 작전과장으로부터 00계획 Ⅲ급 비밀을 생산하라는 지시에 22. 1. 1에 비밀을 생산하여 지휘관 결재를 받아 비밀관리기록부에 등재하려 한다.

(개인번호: 1, 문서번호: 인사123-1, 사본: 2부, 보존기간: 1년)

관리번호	접 수		문서번호	비밀등급	제목	사본번호	예고문		비고
	월일	발행처					보호기간	보존기간	

과제/발표

상황1	작전과 실무자로 업무에 필요한 비밀 일부를 복사하여 비밀바인더에 삽입하고자 한다. 비밀바인더 목록표와 이력카드를 작성하시오.

[비밀관리기록부에 등재된 상급부대 비밀사본]

관리번호	접수		문서번호	비밀등급	제목	사본번호	예고문		비 고
	월일	발행처					보호기간	보존기간	
21-1-1	21.1.2	사단 작전처	작전-1 (20.1.2)	II	0000현황	1/1	21. 12. 31		

[비밀바인더 생산 기안지]

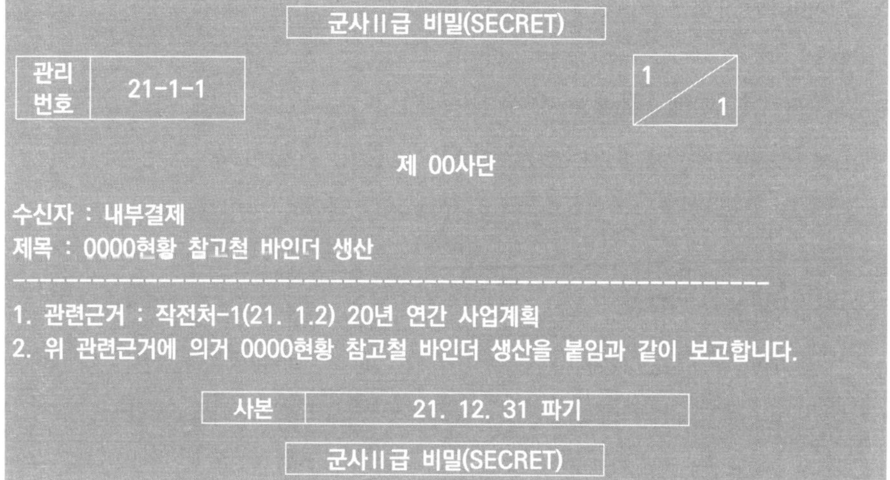

군사II급 비밀(SECRET)

관리번호	21-1-1

1/1

제 00사단

수신자 : 내부결제

제목 : 0000현황 참고철 바인더 생산

---

1. 관련근거 : 작전처-1(21. 1.2) 20년 연간 사업계획
2. 위 관련근거에 의거 0000현황 참고철 바인더 생산을 붙임과 같이 보고합니다.

사본	21. 12. 31 파기

군사II급 비밀(SECRET)

1. 비밀바인더 목록표를 작성 하시오(복사일자 : 21. 1 .5, 100-10 ~ 100-15쪽 복사)

목록번호	접수일자	등급	제목(매수)	비 고

(1) 목록번호 : 목록별 삽입순서("예" '20년도 첫 번째 삽입목록 : 20-1)
(2) 접수일자 : 비밀내용이 바인더에 삽입된 일자
(3) 등 급 : 삽입된 자료의 비밀등급
(4) 제목(매수) : 삽입된 자료의 제목 및 매수
(5) 비 고 : 각 목록별 출처 · 인용한 비밀 등을 기록

2. 비밀 이력카드를 작성하시오.(복사일자 : 20. 1 .5, 100-10 ~ 100-15쪽 복사)

일자	사용목적	작성자			비고
		계급	성명	서명	
21. 1. 2	생산/과장 결재	대위	백두산	백두산	
21. 1. 5					

4-12 (비밀관리 원칙)

비밀은 개인별 또는 부서별로 관리하여야 합니다. 다만, 연구기관은 팀별로 관리할 수 있습니다.

* 상황판이란? 작전상황을 가시화 하여 쉽게 이해할 수 있도록 그림형태로 도시한 것

① 각종 상황판이나 데이터베이스 등을 생산 시에는 사본으로 등재하여 관리하면 됩니다. 작전상황판 및 투명 상황도 등은 작전계획을 요약하여 표시한 것이므로 원본으로 등재하지 않고 사본으로 등재하여 관리하죠.

② 화재, 침수 등 재해로 인해 비밀이 소실되었을 경우에는 장성급 장교 지휘부대 및 보안담당관이 진위 등을 확인하고, 장성급 부대장에게 보고합니다.

〈상황판 생산 시 작성〉

- 비밀 이력카드(원본 등재)

관리번호	21-1-2	비밀분류	Ⅲ급 비밀
문서번호	작전 234-1	보호기간	23.12.31
제 목	0000현황	사본번호	원본 / 2

일자	사용목적	작성자			비 고
		계급	성명	서명	
21. 1. 1	상황판 생산 위해 복사	대위	이상황	이상황	

* 사용 목적에 상황판 생산에 대한 복사 근거를 기록

4-13 (비밀 분리/관리)

비밀의 양이 많아 한 권으로 생산이 어려울 경우 비밀을 최초생산 시 2권 이상으로 분리하는 경우가 있습니다. 이 경우 비밀문서에 관리번호와 사본번호를 동일하게 기록하고, 제목 우측에 총 권수와 일련번호를 표시합니다.

* Ⅰ급 비밀은 어떠한 경우에도 분리할 수 없다.

* 분리된 비밀 대출 시 비밀이력카드에 관련 내용을 기록한다.

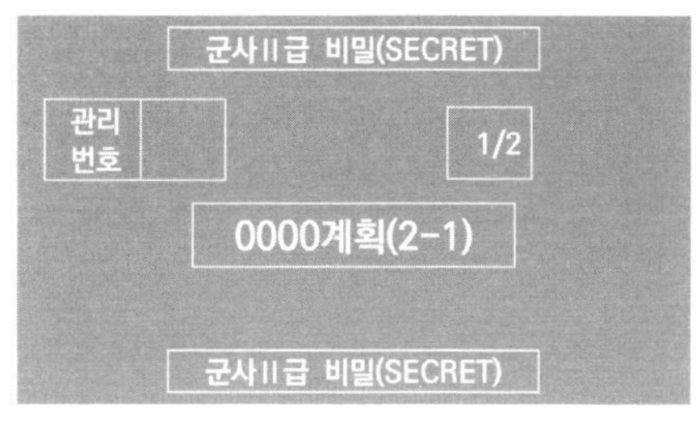

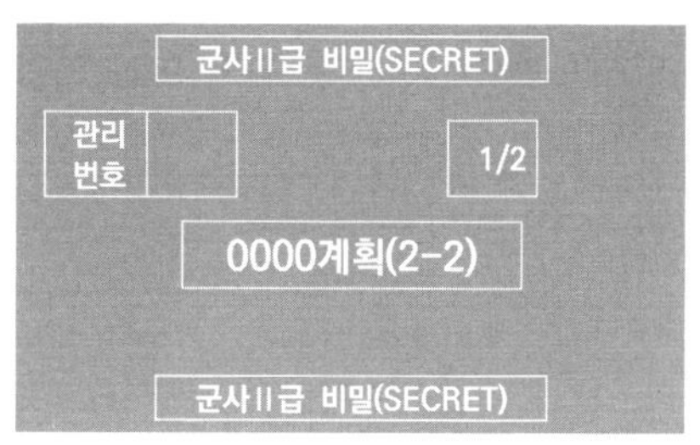

4-14 (비밀 지출, 대출, 열람)

업무 목적으로 비밀을 외부로 가지고 나오거나 빌려보려 할 때 절차는 다음과 같습니다.

① 지출·대출·열람은 비밀 취급 인가자로서 해당 비밀을 취급하는 실무자에 한합니다. 공·사적인 사유에 관계없이 개인의 군 숙소 및 자가에 지출할 수 없습니다. 또한 용사(병사)에게는 지출 및 대출을 할 수 없습니다.

* 지출: 영외로 반출
* 대출: 타인 대여 (비밀보관시설 영내)
* 열람: 보는 것

② Ⅰ급 비밀은 지출할 수 없으며, Ⅱ급 및 Ⅲ급 비밀을 지출할 때는 '비밀 지출 승인서'를 작성하여 보관책임관 '정'의 승인을 받고 비밀이력카드 작성 란에 지출자가 서명합니다. 반납 시에도 비밀이력카드 작성 란에 지출자가 서명하죠. 다만, 해당 비밀을 관리하는 실무자가 작전 및 훈련 목적으로 지출할 경우 목록표를 작성하여 휴대하는 것으로 대신할 수 있다.

③ 해당 비밀을 관리하는 실무자가 작전 및 훈련 목적으로 비밀을 지출할 때에는 비밀 이력카드에 기록하지 않아도 됩니다.

구 분	절차
공 통	• 해당 비밀의 비밀이력카드에 지출 · 대출 · 열람 근거 기재 • 업무담당자가 수시 열람하는 내용은 기재 불필요
대 출	• 비밀 이력카드의 작성자란에 대출자가 서명 • 비밀 이력카드는 분리하여 보관 • 반납 시 이력카드 비고란에 반납일자 기록 및 해당 비밀에 다시 첨부
지 출	• 이력카드의 비고란에 비밀보관책임관 "정" 승인을 받음 • 이력카드 작성자란은 지출자가 서명 • 이력카드 분리보관 및 비밀 반납 시 해당 비밀에 다시 첨부
작전 및 훈련지출	• 분실사고 예방을 위해 비밀의 목록표를 작성하여 휴대 • 보관책임관 "정" 승인 및 이력카드에 지출근거 기록 불필요

4-15 (예고문 부여)

식품을 구매할 때 유통기한을 보고 구매합니다. 오래되면 식품이 변질되어 몸에 해롭기 때문이죠. 비밀도 오래되면 그 가치를 상실하여 필요가 없게 되겠죠. 예를 들어 2000년도에 생산된 비밀을 지금까지 가지고 있다면 그 내용이 현실에서는 필요 없는데 굳이 보관하면 보관 장소도 걱정이 되겠죠.

이렇듯 비밀도 그 가치와 활용에 따라 언제까지 보관할 것인가?를 결정하는 것이 예고문입니다. 예고문은 「공공기록물 관리에 관한 법률」에 따른 비밀 보호기간 및 보존기간을 명시하기 위하여 기재하는 것으로, 생산자가 비밀을 만들 때 그 가치를 판단하여 부여하는 것입니다. 그럼 어떻게 예고문을 부여 하는지 살펴보도록 하겠습니다.

① 원본에는 비밀을 생산한 부대에서 기록물 관리기관으로 이관하기 전까지 활용 및 보호해야 하는 '보호 기간', 기록물 관리기관에서 비밀 원본을 원래 상태로 보존하는 '보존 기간'을 명시해야 합니다.

* 기록물관리기관이란? 각 군은 기록물 보존을 위해 기록물관리 조직을 운용중이다.

② 사본에는 보호 기간과 처리방법을 명시하여야 하며 사본의 보호 기간은 원본보다 길게 부여합니다.

③ 비밀의 보호 기간은 "처리 후", "참고 후", "불필요 시", "재발행 시" 등과 같이 불확실하게 기재해서는 안 됩니다. 예를 들어 "참고 후 파기"라면 언제까지 참고해야 하는지도 불명확하여 결국에 계속 가지고 있다면 10년이 지나도 파기를 못하고 있겠죠.

④ 기한 예측이 어려울 때는 생산일로부터 1년 이내로 부여하고, 영구 보존이 필요한 때에는 "영구" 등으로 부여할 수 있습니다. 또한, 수정문은 "수정 후 파기"를, 부분 대체문은 "대체 후 원문 파기"를, 추가문은 원 비밀의 예고문과 동일하게 부여하면 됩니다.

앞서 언급한 '보호 기간'은 연월일을 명확히 기재하여 비밀의 파기 시점을 부여 하였습니다. 그럼 보호기간이 종료된 비밀에 대한 '보존기간'은 어떻게 부여할까요?

⑤ 비밀의 보존기간은 1년, 3년, 5년, 10년, 30년, 준영구, 영구의 7종으로 부여하며, 보존기간이 시작되는 일자는 비밀 원본을 생산한 날이 속하는 해의 다음 해 1월 1일로 합니다. 다만, 보존기간은 보호 기간보다 길게 부여해야 합니다.

〈비밀 생산 일자 : 18. 1.15, 보호 기간 : 20. 12.31인 경우〉

- 보존 기간은 다음 해인 19. 1. 1부터 시작되어 보호 기간이 만료되는 20. 12. 31보다 길게 부여해야 하기에
- 보존 기간은 2년보다 긴 3년 ~영구 중에 선택한다.

⑥ 최종적으로 생산된 비밀의 예고문은 다음과 같이 표시합니다.

원본	•보호기간 : 20. . .또는 •보호기간 : 20. . .~로 재분류	보존기간: 년
사본	•20. . .파기 또는 •20. . .~로 재분류	

* 직권이란 직무상의 권한을 가진 자로 보관책임관 '정'을 통상 말한다.

⑦ 외부에서 접수한 비밀을 직권으로 예고문 변경 시 비밀문서 표기의 적당한 여백에 보관책임관 '정' 승인을 받은 근거를 표시해야 합니다.

예고문 변경 승인 (20 . . .)
20 . . . 파기 → 20 . . . 파기 (보존기간 : 0년 → 0년)
직책 계급 성명 (서명)

* 부분대체란? 비밀문서 낱장 일부를 바꾸는 것
* 추가문이란? 비밀 일부 내용을 추가하는 것

예고문 부여 시 주의해야 할 사항은, 수정・부분 대체・추가문 의 보호 기간을 불명확하게 부여하여 해당 문건 처리 후에도 불필요하게 보관하지 않아야 합니다. 또한, 보존 기간을 보호 기간보다 짧게 부여하거나 동일하게 부여하여 기록물 보존관리에 혼선을 초래하지 않도록 하는 것이 중요합니다.

4-16 (비밀의 보관기준)

중요한 물건을 어디에 보관하나요? 책상 서랍에 잠가 놓거나 금고와 같은 견고한 곳에 보관하죠. 비밀은 아무나 접근해서 볼 수 있거나 훼손

되면 안 되겠죠. 그래서 보관하는 기준을 정하여 관리하는데 그 기준은 아래와 같습니다.

① 비밀은 화재, 도난 및 파괴로부터 보호되고 비인가자의 접근을 방지할 수 있는 용기에 보관합니다. 또한, 일반문서나 보안자재 등과 혼합, 보관할 수 없습니다. 다만, 일반문서를 해당 비밀과 분리하였을 때 업무수행 및 상호 확인이 곤란한 경우에 한하여 해당 비밀과 혼합, 보관할 수 있습니다.

② 비밀은 분산보관을 원칙으로 하여 부서(사무실) 단위 개인별로 구분 보관하며 필요시 합동 보관할 수 있습니다.

③ Ⅰ급 비밀은 타 등급의 비밀과 분리하여 합동보관소에 보관하며, Ⅱ급·Ⅲ급 비밀은 혼합 보관할 수 있죠.

④ 비밀이 포함된 상황판(비밀 보관용기에 넣을 수 있는 것은 제외)은 통제구역에 보관하되 불필요한 인원에게 노출되지 않도록 해야 합니다.

다만, 부득이하여 제한구역에 보관할 때에는 출입문의 잠금장치 등을 보강해야 합니다.

4-17 (비밀보관 용기)

우리 집 서랍에 보석이 있다고 표시하지 않죠. 이같이 비밀보관 용기도 비밀이 보관되어 있다는 것을 알리거나 나타내는 표시를 할 수 없습니다.

① Ⅰ급 비밀은 반드시 이중 금고형 용기에 보관해야 합니다.

* 내화성 용기란? 불에 잘 견디는 성질의 용기를 말함.

② Ⅱ · Ⅲ급 비밀은 이중 잠금장치가 된 내화성 용기(철제 캐비닛, 파일박스 등)를 사용하여야 하며, 휴대할 수 있는 용기는 사용할 수 없습니다.

4-18 (비밀 파기)

비밀을 파기할 때에는 소각, 용해 또는 세절 등의 방법으로 실무자가 직접 완전히 소멸(파기)시켜야 합니다.

① 저장매체(CD, USB 등)에 저장되어 관리되는 비밀의 파기는 해당 실무자가 내용을 복구할 수 없도록 소거 후 매체는 완전히 파기하여야 합니다.

* 비밀파기는 오늘이 파기일자라면 오늘 퇴근 시간에 파기함.

② 비밀은 사본에 한해 보호기간 만료되는 날 업무가 종료 시 파기합니다. 적 침입으로 보호할 수 없거나 천재지변 등으로 안전지출이 불가능하다고 판단될 경우, 파기 후 지휘관에게 서면으로 보고합니다.

4-19 (비밀 존안)

추억을 되새기거나 필요한 일정이나 기록한 글을 다시 보기위해 개인 수첩을 버리지 않고 보관하는 경우가 있죠?

이같이 비밀도 존안 전담부서가 설치된 부대에서 사본만 존안 할 수 있습니다. 이 경우 원본에 부여된 보존기간 동안 존안 하여야 합니다.

① 존안은 부대 업무수행 상 필요하거나 역사적으로 가치가 있는 비밀에 대해 존안 할 수 있습니다.

② **비밀의 존안 절차는 다음과 같습니다.**

가. 존안여부 판단: 보호기간이 종료되는 시기가 닥쳐올 때 사본 문건 중 활용 가능성을 판단합니다.

나. 존안결정: 존안문서 표지의 적당한 여백에 적색으로 표시하며 보관책임관 "정" 승인을 받아 결정합니다.

존 안 승 인 (20 . . .)			
직책	계급	성명	(서명)

다. 비밀관리기록부 정리

1) 비밀관리기록부: 관리번호란 부터 예고문까지 적색 삭선, 비고란에 "존안"으로 기재

2) 발송용 비밀관리록부: 존안관련 내용 기록 후 발송

과제/발표 

상황2	대대 작전과 실무자로 비밀을 생산하여 관리기록부를 작성하고자 한다. (생산일자 : 21. 1. 2, 문서번호 : 작전과-123)

[비밀생산 기안지]

군사Ⅱ급 비밀(SECRET)

관리번호	21-1-1

원/본

제 00사단

수신자 : 내부결재

제목 : 0000계획 생산

---

1. 관련근거 : 작전처-1(21. 1.2) 20년 연간 사업계획
2. 위 관련근거에 의거 0000현황 참고철 바인더 생산을 붙임과 같이 보고합니다.

원본	21. 12. 30	보존기간 : 1 년

군사Ⅱ급 비밀(SECRET)

1. 상황 및 비밀 기안지를 참고하여 비밀관리기록부를 작성하시오.

관리번호	접 수		문서번호	비밀등급	제목	사본번호	예고문		비 고
	월일	발행처					보호기간	보존기간	

상황3	연말 비밀 중 일부를 이관하기 위해 관련 서류를 작성하고자 한다.

[접수용 비밀관리기록부]

관리번호	접 수		문서번호	비밀등급	제목	사본번호	예고문		비 고
	년월일	발행처					보호기간	보존기간	
21-2-3	21.1.2	군수과	군수-23 (21.1.1)	Ⅲ	00현황	1/1	21. 12. 31		보안예규에 의거 존안

2. 발송용 비밀관리기록부 작성하시오

발송번호	발 수		문서번호	비밀등급	제목	사본번호	수령자 (소속, 계급, 성명)	비 고
	월일	수신처						

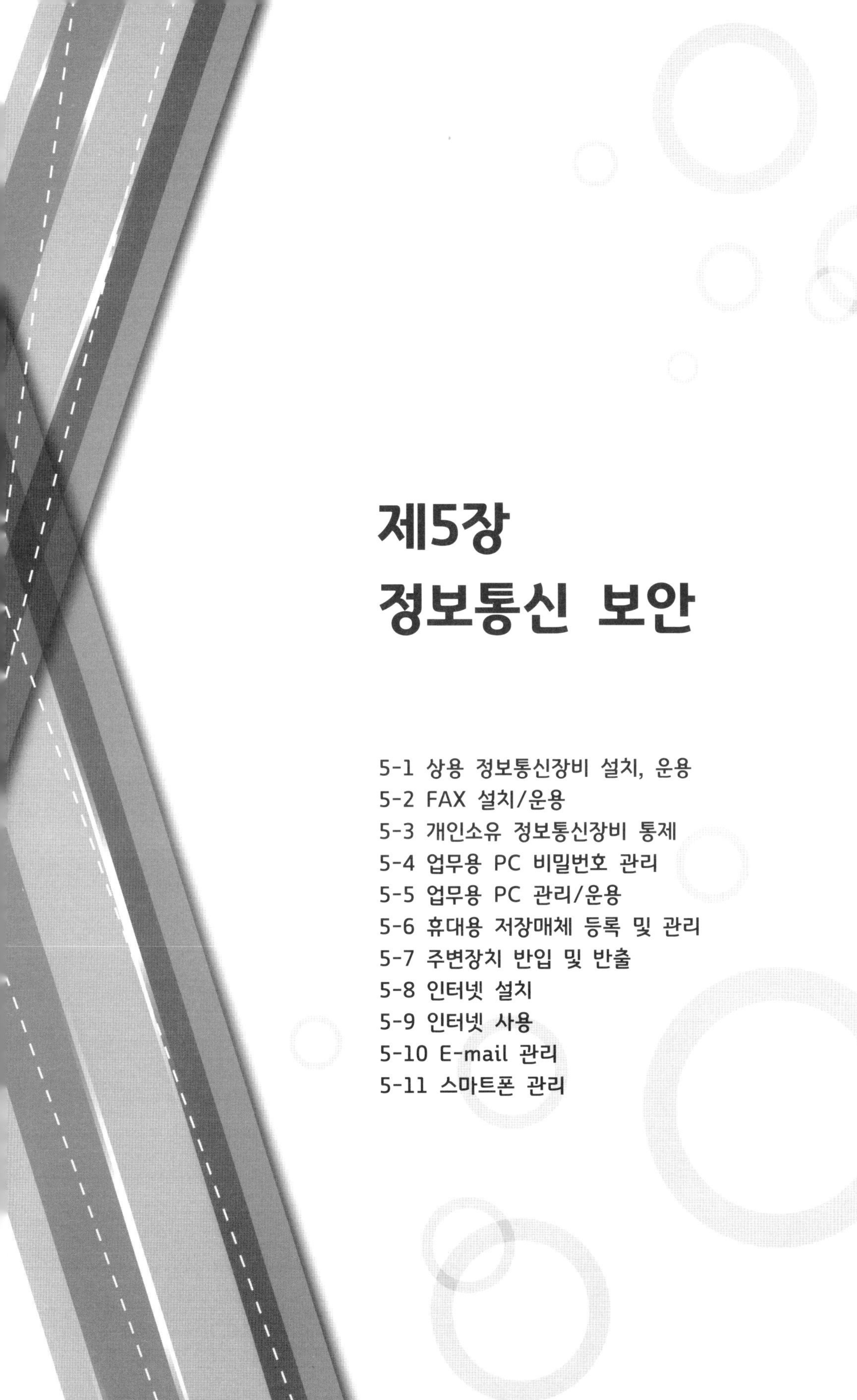

제5장
정보통신 보안

5-1 상용 정보통신장비 설치, 운용
5-2 FAX 설치/운용
5-3 개인소유 정보통신장비 통제
5-4 업무용 PC 비밀번호 관리
5-5 업무용 PC 관리/운용
5-6 휴대용 저장매체 등록 및 관리
5-7 주변장치 반입 및 반출
5-8 인터넷 설치
5-9 인터넷 사용
5-10 E-mail 관리
5-11 스마트폰 관리

요 약

5장 정보통신보안은 군사보안 업무를 수행 시 필요한 정보통신장비 운용방법과 업무용 PC 관리방법, 휴대용 저장매체 부대 반입 시 절차 등을 기술하였다.

5-1항~5-3항

5-1항부터 5-3항은 상용정보통신장비 설치 시 절차와 개인소유 정보통신장비 반입절차에 관해 기술하였다.

5-4항~5-11항

5-4항부터 5-11항은 업무용 PC를 사용하면서 필요한 비밀번호 설정 및 관리방법, 휴대용 저장매체 등록방법 등에 대해 구체적으로 기술하였다. 단원의 마지막은 상황해결, 과제/발표로 구성하여 시설보안에 대한 이해와 복습이 진행되도록 구성하였다.

♠ 못할 것 같은 일도 시작해 놓으면 이루어진다. - 채근담 -

5-1 (상용 정보통신장비 설치, 운용)

일상적으로 사용하는 것을 상용이라고 합니다. 군에서도 일상적으로 사용하는 장비가 많은데 이에 대한 보안대책은 다음과 같습니다.

① 상용 정보통신시설 및 촬영 · 저장 · 전송 · 무선 송수신 기능이 있는 장비(디지털카메라 · 녹음기, GPS, CCTV, 스마트 TV 등)를 부대 내에 설치하거나 군사 목적으로 사용할 때에는 장성급 부대장의 승인을 받아야 합니다.

② 시설 및 장비를 부대 내에 도입하거나 설치할 때에는 해킹 등 외부 위협으로부터 보호하거나 취약요인을 제거하기 위한 각종 수단과 방법 등의 일체의 행위를 예방하기 위해 다음과 같이 대책을 강구해야 합니다.

첫째, 비인가자 접근이 차단된 장소에 설치하고 잠금장치 등 도난방지 대책을 강구하여 통신 시설 · 장비를 설치

둘째, 인가된 주파수을 사용하여 군 통신 운용에 방해 및 전자기파가 주변 장비에 영향을 미치는가를 확인

셋째, 목적 외 사용제한 및 비인가자 접근 차단, 영외 반출 시 장비의 출납기록을 유지하는 불출대장을 작성, 비밀번호 설정 등 통제대책을 강구

넷째, 정부(방송통신위원회)의 장비 인증 여부 확인

다섯째, 그 밖의 보안 취약성에 대한 보안대책 강구

③ 상용 정보통신장비를 이용하여 군사비밀이나 군사 보안상 해로운 내용은 저장 및 통신할 수 없습니다. 예를 들어 카메라에 저장된 사진을 자신의 휴대폰으로 저장하는 행위들이 있겠죠.

5-2 (FAX 설치/운용)

상용 FAX에 대해서는 무분별한 송·수신을 통제하는 차원에서 병력이 상주하는 부서에 설치해야 합니다. 만약 일반사무실에 별도의 통제대책 없이 설치한다면 비밀이 외부로 유출될 수 있기 때문이죠.

설치한 후에는 설치 부서 내 장비 관리 부서장을 임명하여 목적 외 사용과 임의사용을 차단하여야 하고, 송·수신 자료가 외부에 유출되지 않도록 보안대책을 강구해야 합니다.

① FAX를 설치 시 보안절차

가. 군사자료가 무단 전송되지 않도록 사무실 등 통제가 가능한 부서에 설치하고 장비관리 부서장에게 관리 감독의 임무를 부여해야 합니다.

나. 공무 목적 외 사용 및 미승인 인원의 사용 차단하여 임의적으로 군사자료를 전송하지 못하게 하는 등 발·수신 자료의 유출을 방지해야 하죠.

② FAX 설치승인 절차

가. 장성급 부대장 승인 후 설치가 가능

나. 부서장은 설치 승인서를 첨부하여 정보계통 참모에게 요청

다. 정보계통 부서에서 승인이 결정되면 통신부서에 통신선로 구성을 협조해서 운용

라. 관리책임관 정·부를 임명하고 잠금장치가 되어있는 보관 용기에 설치

③ FAX를 이용하여 자료 송신 시 공개로 분류된 문서 및 자료에 한하며, 결재권자 또는 부서장의 보안성 검토를 받은 후 문서의 오른쪽 위에 표시하여 송신해야 합니다.

④ 비밀을 보낼 수 없으며 발송기록부에 그 기록을 유지하죠.

연번	전문(문서) 번호	부대(기관)명		제목 및 매수	송·수신자		송 신 일시분	비고
		발신	수신		송신	수신		

5-3 (개인소유 정보통신장비 통제)

내가 가지고 있는 개인소유의 정보통신 장비를 부대로 반입할 경우 아래와 같이 보안규정을 준수해야 합니다.

다만, 보안 자재 파기 시 참관인이 보안 자재 임의복사 여부 확인을 위한 경우는 예외로 합니다.

〈상용장비와 개인소유 장비 차이〉

장비 구분	상용 정보통신장비	개인소유 정보통신장비
사용 목적	군사목적(업무용)	사적 사용(비업무용)
반입 승인	장성급 부대장 승인	보안서약서 작성 후 반입
장비 소유	각급 부대 (또는 영내 민간시설)	개인

* 선진 외국군에서 상용정보통신장비는 100% 도청 된다 판단하여 작전·훈련 시 스마트폰 등 상용정보통신 장비의 사용을 통제하고 있다.

① 개인소유 정보통신장비는 부대 반입 시 '보안서약서'를 집행합니다.

② 개인소유 정보통신장비는 암호실 등 군사통제구역에 반입을 할 수 없습니다. 군사통제구역에는 출입구에 개인소유 정보 통신장비 보관함을 별도로 설치하여 개인소유 정보통신 장비의 반입을 통제해야 합니다. 예를 들어 휴대폰이 있겠죠.

③ 와이파이 등 무선랜 휴대용 중계장비는 원칙적으로 부대 내 반입을 금지하고 있죠.

다만, 부대행사 또는 군 헌혈, 건강검진, 취재 등 업무협약에 따라 부대 내 지정된 장소에서 한시적 목적으로 사용할 경우와 영내에 있는 골프장은 보안대책을 강구한 가운데 장성급 부대장의 승인을 받아 사용할 수 있습니다.

④ 군사자료를 작성 · 저장 · 촬영 · 전송하거나, 군사보호구역 등 핵심시설과 장비를 촬영할 수 없습니다.

③ 내가 비밀을 가지고 있지 않거나 부서 자체 비밀의 수량이 많지 않은 경우가 있을 것입니다. 이럴 때 비밀을 취급하는 실무자가 개인별 비밀관리기록부를 기록, 유지하기에는 비효율적이기 때문에 소량의 비밀을 취급하는 부서의 경우 부서별 통합하여 관리할 수 있습니다.

④ 부서별로 비밀관리기록부를 유지하더라도 개인별로 취급하는 비밀이 다르기 때문에 관리번호 부여 시 개인번호를 사용하여 누구의 비밀인지 알 수 있도록 해야 합니다.

앞서 얘기했던 바와 같이 비밀관리기록부가 주민등록 등본이라 생각해 본다면 굉장히 중요하다는 것을 알 수 있습니다.

개인이 태어나 가족이 어떻게 구성되어 있으며 우리 집이 이사 할 때마다 각각의 주소지가 모두 기록되어 있어 행정적인 서류를 제출할 때 항상 포함되는 것이 등본입니다.

비밀관리기록부도 비밀문서에 대한 생산부터 파기까지 모든 기록을 유지하기 때문에 분실하거나 기록을 잘못한다면 역추적해서 올바로 바로잡아야 하는 노력을 해야 할 것입니다.

과제/발표 

상황1	00부대에 전입되어 오늘 업무용 PC를 지급 받았다. PC사용을 위해 비밀번호 설치 절차를 기술하시오.

상황2	전임자 PC를 인수받아 불필요한 파일을 정리하려 한다. PC에 저장된 자료를 완전 소거 하기 위한 방법을 기술하시오.

5-4 (업무용 PC 비밀번호 관리)

① 비밀번호는 무단사용 방지를 위하여 다음과 같이 설정 하는데 어떻게 설정하는지 살펴볼까요?

가. 1차(장비 부팅용): 비인가자의 컴퓨터 접근방지를 목적으로 PC 전원을 켰을 때 시작되는 비밀번호입니다.

나. 2차(사용자확인): 컴퓨터 취급자가 인가된 인원인지 여부를 확인하는 취급자용 비밀번호입니다.

다. 3차(중요자료 보호용): 소관 업무 외에는 열람 · 출력 · 복사 제한을 위해 문서에 설정하는 비밀번호입니다.

라. 4차(화면 보호용): 5분 이상 PC 사용을 하지 않을 때 설정하는 비밀번호입니다.

② 비밀번호는 다음 각 호의 사항을 반영하여 제작 · 사용 하여야 하며, 타인과 공유를 금지하고 있습니다. 그런데 4차까지의 비밀번호를 설정하다 보니 외우기가 어려워 본인의 생년월일이나 단순한 키보드 입력으로 비밀번호를 동일하게 설정하는 경우가 있죠. 이는 PC에 저장된 자료를 외부인에게 쉽게 노출 시켜 보안사고로 이어지기 때문에 아래와 같이 제시된 사항을 준수하여 설정해야 합니다.

가. 숫자, 문자, 특수문자가 혼합된 9자리 이상으로 조합
나. 사용자 ID와 동일하지 않을 것
다. 개인 신상 및 부서명칭 등과 관계가 없을 것
라. 일반사전에 등록된 단어가 아닐 것
마. 동일문자를 3회 이상 반복 사용 금지

* 비밀번호는 1234와 같이 연속적으로 사용되는 숫자를 사용하면 노출위험이 높아 사용을 권장하지 않는다. (내림/올림차순)

③ **비밀번호 변경 주기는 다음과 같으니 준수해야 합니다.**

가. 주기적인 변경 : 월 1회 이상, 네트워크 장비 분기 1회

나. 수시 변경 : 관리책임관 또는 취급자가 교체되었거나 비밀번호가 비인가자에게 노출되었을 때

5-5 (업무용 PC 관리/운용)

부대 내 PC는 비밀작성, 행정업무, 자료전송 등 다양하게 활용되어 외부 침입이나 바이러스 등에 매우 취약합니다. 이에 PC 사용을 위해 어떻게 관리해야 하는지 알아보겠습니다.

① **시스템관리자는 업무와 무관하거나 P2P · 웹 하드 · 메신저 · SNS 등 보안에 취약한 프로그램의 임의사용을 금지해야 하며, 다음 각 호의 프로그램을 확보하여 운용해야 합니다.**

가. 컴퓨터 바이러스 백신 프로그램
나. 파일 완전 소거 프로그램, 저장매체 통제 프로그램
다. 공유 자동제거 프로그램
라. 그 밖의 기능이 보완되어 배포된 프로그램 등

② **집에서 사용하던 개인 컴퓨터 및 주변장치(저장매체 포함)를 부대에서 사용하면 편리하겠죠. 하지만 부대 반입 하거나 업무에 사용할 수 없답니다. 다만, 반입이 필요한 경우에는 컴퓨터를 제외한 '읽기 전용 주변장치'에 한정하여 편제상 영관급 이상 부대장의 승인을 받아 사용합니다.**

③ 전입 시 받은 업무용 PC는 임무 수행 전 보안업무에 위반되지 않기 위해서 비밀번호 설정, 각종 프로그램 설치 여부를 확인해야 합니다.

④ 개인 PC는 본인이 보안 관리에 대해 일체의 책임을 지며, 이를 관리하기 위해 전군 PC 보안체계를 설치해야 합니다.

5-6 (휴대용 저장매체 등록 및 관리)

휴대용 저장매체는 DVD, CD와 같이 휴대하기 편리하게 자료를 저장하여 활용하는 것들을 말합니다.

① 저장매체 사용을 위한 등록절차 시 사용자는 저장매체 구매 명세(증빙서류)를 해당 부서장 결재를 받은 후 구입한 저장매체를 보안담당관에게 인계합니다.

② 보안담당관은 저장매체를 인계받아 컴퓨터 및 주변장치 반입·반출 등록대장에 반입명세를 기록하고 '저장매체 통제체계'에 등록한 후 사용자에게 인계합니다.

③ 사용자는 저장매체 등록 후 비밀 여부 식별 등을 위해 아래와 같이 부착물을 부착하여 관리합니다.

가. 비밀보관용, 비밀작업용으로 구분하여 부착

비밀보관용 무단 반출금지

등록번호	
소 속	
관리자	
전화번호	
제품번호	

나. 평문용(00업무용)

00 업무용 평문용 무단반출금지	등록번호	
	소 속	
	관리자	
	전화번호	
	제품번호	

[용도지정]
"보안업무용",
"수사업무용",
"재산대장용" 등

④ 군사자료가 수록되지 않은 CD/DVD-R 등 읽기 전용으로 제작된 매체는 등록 없이 사용할 수 있으나, 부서 단위로 별도 관리하여 목록을 유지하여야 합니다.

⑤ USB 메모리는 비밀용으로 등록하여 사용해야 합니다. 다만, 부득이하게 일반용으로 사용할 필요가 있을 경우에는 장성급 부대장의 승인을 받아야 합니다. 또한, 승인된 일반용 USB는 평문용 인식표에 "00업무용", "00자료용" 등 용도를 구체적으로 명시하고 승인된 용도에 한하여 사용해야 합니다.

〈일반용 USB 관리대장 예〉

번호	부서	관리책임자	매체종류	관리번호	사용용도	승인일자
1	00실	소령 이순신	USB	00사-부서명-01-A001	점검용	'20. 1. 2

〈USB, 외장형 하드 부착용 인식표〉

비밀보관용 (II급)	비밀작업용 (II급)	평문용
등록번호:	등록번호:	등록번호:
관리자:	관리자:	관리자:

USB 명찰 분리 시 등록된 장비 구분 목적

⑥ 저장매체 등록을 아무렇게나 할 수 없겠죠. 저장매체 등록에 대해 간단히 살펴볼까요?

첫째, 과거 흔적 및 불필요 자료 정리를 위해 일반 포맷(빠른 포맷 제외)을 실행하여 불필요한 자료를 제거하고 바이러스를 예방해야 합니다.

둘째, 모든 저장매체는 통제체계를 통하여 등록해야 한다는 것을 앞서 알고 계실 겁니다. 하지만 저장매체(USB, HDD)에 제품번호가 없거나 한자리(0~9) 등으로 구성되어 제품번호로서 가치가 없을 때는 해당 저장매체는 등록하지 않습니다.

셋째, 저장매체 통제체계에서 CD 등록 시 '매체번호' 란은 비밀의 관리번호를 입력하고, '매체용도' 란은 비밀 제목을 입력해서 관리합니다.

⑦ 저장매체가 필요 없을 때 어떻게 파기할까요?
첫째, 저장매체 파기는 완전파괴가 원칙입니다.

둘째, 보안담당관은 완전 소거 여부 확인 후 윈도우 일반 포맷을 실시하고, 저장매체 통제체계에서 등록현황을 조회, 등록 매체를 선택하여 파기합니다.

셋째, 비밀이 저장되었던 저장매체(USB, CD, HDD 등)는 보안담당관이 파기 전·후 사진(제목, 관리번호, 등록번호가 보이도록)을 촬영하여 유지합니다.

넷째, 매월 사이버·보안진단의 날 행사 시 부서 저장매체 현황 및 월간 등록/파기현황을 확인하여 보안부서로 보고하면 됩니다.

야전 보안업무

「저장매체 사용 간 취약요인」

- 비밀 저장매체 일부 인원 공동사용으로 비밀관리 취약
- 디지털카메라 메모리에 평문 작업
- 저장된 파일 현황이 비밀자료 목록표와 상이

5-7 (주변장치 반입 및 반출)

컴퓨터 및 주변장치를 반입·반출 할 경우 (분임) 보안담당관에 의해 컴퓨터 및 주변장치 반입·반출 등록 대장에 반입 및 반출명세를 기록해야 합니다.

또한, 컴퓨터 및 주변장치 반입·반출시 관리책임자는 바이러스(해킹프로그램 등) 감염 여부 점검 및 보안대책을 수립하죠.

부대 (분임) 보안담당관에게 통제를 받아야 하며, (분임)보안담당관은 군사자료 유출방지를 위한 보안대책 및 바이러스 감염 등을 최종 확인합니다.

주변장치 반입 및 반출에 대한 절차는 다음과 같습니다.

① 외부에서 반입(구매, 임대)되는 프린터 등은 USB, 메모리카드, 무선 인식 기능 등을 제거 또는 사용 불가토록 조치하고 (분임) 보안담당관 승인 후 운용해야 합니다.

② 개인소유의 컴퓨터 및 주변장치(저장매체 포함)는 부대에 반입할 수 없지만 읽기 전용 주변장치에 한하여 편제상 영관급 이상 부대장의 승인 시 사용 가능합니다.

* 영관급이란?
소령, 중령, 대령 계급

③ 개인, 대외기관, 민간업체 종사자가 소개·시연·전시·연구 등을 위해 일시적으로 컴퓨터 및 주변장치를 반입할 경우 보안담당관의 확인을 받고, 이를 반출하고자 할 경우 보안 담당관의 보안 점검을 받아야 합니다.

④ 비밀수령을 위해 대외로 반출시 보관된 비밀이 없는 저장매체를 사용해야 합니다. 비밀 발송을 위해 비밀이 보관되어 있는 저장매체를 대외로 반출 할 경우 비밀지출규정 준수, 분실 방지 및 저장매체 보호 대책을 수립해서 반출하죠.

반입·반출 간 (분임) 보안담당관을 통하여 비밀 보유량 및 바이러스 검사 등을 확인하고 반출 내역을 컴퓨터 및 주변 장치 반입·반출 등록 대장에 기록하여야 합니다.

⑤ 디지털카메라는 반출 전 저장매체를 완전소거 하여 복구 자료가 없는 상태로 (분임)보안담당관의 확인과 컴퓨터 및 주변장치 반입·반출 등록 대장에 기록해야 합니다. 사용 후 부대 반입 시 (분임)보안담당관을 통한 바이러스 검사 및 사진촬영 내용을 확인하며, 컴퓨터 및 주변장치 반입·반출 등록 대장에 반입내역을 기록해야 합니다.

5-8 (인터넷 설치)

각급 부대의 장은 인터넷 PC를 최초 설치 시 방첩부대의 보안점검을 받아야 하며, 메일 전송 시에는 「인터넷 송신기록대장」을 기록 · 유지(체계 내 로그 파일로 자동 저장 시는 불필요)해야 합니다.

① **인터넷 PC 운용 시 보안대책은 다음과 같습니다.**

첫째, 외부 공격에 대한 네트워크 보호입니다. 상용 인터넷과 군 정보통신망을 물리적으로 분리 하는 것으로 인터넷과 군 정보통신망 장비를 각각 분리된 장소에 설치하여 운용하는 것이죠.

둘째, 단말기에 대한 보호 대책입니다. 상용 인터넷이 연결된 PC에서 군사자료 작성 및 저장을 금지하고 문서작성용 프로그램은 읽기 전용 프로그램으로 설치 및 운용합니다. 또한, 인터넷 프린터는 접점을 차단하기 위해 단독으로 사용하고 백신 프로그램 · 저장매체 통제 등 필수 보안 프로그램을 설치 및 운용합니다.

셋째, 물리적인 보호 대책입니다. 무선접속 기능 및 카메라 등 보안에 취약한 장치를 제거하고 무선랜 사용 및 관련 S/W 설치를 금지합니다. 또한, 인터넷 PC는 외부에서 식별할 수 있도록 표시하며 케이블 색상을 달리하는 등 대책을 강구 합니다.

* 케이블 색상을 달리 한다는 말은 랜선을 잘 못 연결하지 않도록 하는 조치로 예를 들어 인터넷은 청색, 국방망 선은 흰색으로 구분하여 사용한다.

② **이메일 사용 시에는 각급 부대장이 전송할 자료의 보안성검토를 하여 위해 요인을 해소하고, 인터넷 송신기록 대장에 송신기록을 유지하여야 합니다.**

〈인터넷 송신 기록대장 예〉

연번	송신 일자	송신자	수신자	파일명	부서장 서명	비고
21 -1	'21. 1.2	중사 권율	00구청 9급 김시민	000 견학현황	백두산	보안성 검토 완료

보안사례

00부대 이 모 일병은 외박 복귀를 위해 생활관 동기들 단체 채팅방에 암구호를 문의하여 동기 1명이 당일 암구호를 알려 주었다. 암구호는 3급 비밀로 위병소 근무자가 외박이었던 이 모 일병이 암구호를 아는 것을 이상하게 여겨 지휘계통으로 보고하여 적발되었음.

5-9 (인터넷 사용)

설치된 인터넷을 어떻게 사용해야 할까요? 요즘은 스마트폰 사용으로 과거처럼 PC를 이용하여 인터넷을 사용하는 횟수가 줄어 부대에서도 사용빈도가 낮지만 때로는 업무에 필요한 경우가 있습니다.

① 인터넷 전용 PC는 외부에서 식별이 가능하도록 표시하여 국방망과 혼용되지 않도록 하며, 국방망 PC에 인터넷 연결을 금지합니다.

② 업무망과 인터넷망 간의 자료교환은 자료전송시스템을 사용해야 하며 인터넷 프린터는 단독으로 설치하여 외부망 접근을 차단해야 합니다.

③ 인터넷 PC를 국방망 PC로 전환하거나 국방망 PC를 인터넷 PC로 전환하여 사용할 경우, 하드디스크를 완전삭제 후 보안담당관의 확인을 받아야 합니다.

④ 인터넷은 공무 또는 공무와 관련 사항에 한정하여 사용하고 읽기 전용 문서작성프로그램을 설치하여야 합니다. 업무상 부득이하게 문서작성 프로그램을 사용할 경우 편제상 영관급 부대장의 승인을 받아야 합니다.

⑤ 인터넷 등 상용 정보통신망에 연결된 PC에서 비밀 및 일반 군사자료의 작성·저장을 금지하고 있습니다. 웹하드·클라우드 서비스 등을 활용하여 군사업무를 작업하거나 저장할 수 없으며, 홈페이지·SNS 등 인터넷 공간에 공개되지 않은 군사자료(비밀·일반자료)·개인정보 등 민감한 내용이 포함된 자료를 게시할 수 없습니다.

* 사이버 지식정보 방은 장병의 학습여건 보장과 인터넷 사용을 위해 각 부대에 설치되어 활용중이다.

⑥ 사이버 지식정보방 등 일반 인터넷 설치 공간에 군 정보통신망을 치할 수 없습니다. 만약 국방망을 설치하여 사용하다가 랜선을 인터넷 PC에 연결하게 되면 보안사고로 이어지게 됩니다.

5-10 (E-mail 관리)

사회와 같이 군도 메일을 활용하여 자료를 주고받는데 메일을 통한 해킹 등 사례가 많이 발생되고 있어 이를 예방하기 위해 몇 가지 주의해야 합니다.

① 해킹 메일로 의심되는 자료 수신 시 확인사항

열람 전	• 업무와 무관하거나 흥미 유발 제목 주의 • 메일 발신자를 검색하여 실제 존재하는지 확인
열람 후	• 파일명과 실행 파일 확장자(exe 등) 확인 후 의심 시 다운로드 금지
첨부파일 실행 시	• PC이상 동작 확인 : 느려짐, 블루 스크린 • 악성 프로그램 실행 의심 시 네트워크 분리

② 상용 메일을 통한 업무자료 송·수신 금지는 물론 기관 메일을 통한 송·수신 업무자료도 활용 후 메일함에서 즉시 삭제하세요.

③ 업무 편의 등을 위해 중요 업무자료를 본인 또는 동료 직원인터넷 등 상용 메일로 발송하면 안 됩니다.

④ 대외발송을 위해 내부 업무용PC 자료를 인터넷 PC로 이동시에는 반드시 결재권자 승인을 받으세요.

⑤ 수신 메일 內 첨부파일이 자동 실행되지 않도록 설정하고 첨부 파일 다운로드 시 반드시 백신으로 악성 코드 은닉 여부를 검사하세요.

⑥ 지인 사칭 해킹 메일 유포에 대비하여 첨부파일이 있을 경우, 반드시 발송자에게 유선 확인 후 열람토록 하며 해킹 메일 의심 시 관련 계통으로 신속하게 신고합니다.

5-11 (스마트폰 관리)

① 의심스러운 문자메시지·이메일·메시지 등을 수신할 경우, 피해확산 방지를 위해 관련 내용을 신고하세요.

② 중요 회의참석 시 스마트폰 휴대 금지 또는 전원 차단 등을 통해 도청이나 불법 촬영을 예방해야 합니다.

③ 스마트폰에 업무자료 저장을 금지하고, 수리의뢰 또는 판매 시 스마트폰 초기화로 자료 유출을 방지하세요.

④ 스마트폰의 WiFi 기능은 자택 및 공공장소 등에서 필요시에만 활성화합니다.

제6장
기타보안

6-1 보안성 검토
6-2 비밀회의 시 보안대책
6-3 비밀회의 자료생산/관리
6-4 부대 보안교육
6-5 비밀자료 교육
6-6 민간시설이용 비밀발간
6-7 SNS 활용 시 보안
6-8 전입 및 전출 보안 조치
6-9 사이버 보안진단의 날 행사
6-10 보안사고 발생 시 조치

요 약

6장 기타보안은 5장까지의 군사보안 핵심적인 사항 외 보안업무 수행에 필요한 일반적인 사항을 기술하였다.

6-1항~6-3항

6-1항부터 6-3항은 군사자료를 외부에 제공 시 필요한 보안성 검토 절차와 비밀회의 시 준비사항을 기술하였다.

6-4항~6-10항

6-4항부터 6-10항은 부대 보안교육 및 비밀자료 교육방법에 대해 알아보고 부대생활 시 자주 접하는 사항을 기술하였다.

♠ 가장 유능한 자는 부단히 배우는 자다. - 그라시안 -

6-1 (보안성 검토)

용어가 생소하죠? 보안성 검토는 비밀을 제외한 군사자료 중에 군 외부에 제공하거나 부대 밖으로 반출되는 자료에 대하여 보안 취약요인 등을 사전에 진단하여 제공해도 문제가 없는지 판단하는 것을 말합니다.

흔히 군에서 제작하는 국방일보, 국방 관련 서적들에 수록된 글들은 현역간부들이 작성하고 나면 보안성 검토에 이상 없다는 결론을 근거로 해당 매체에 자료를 제공하여 수록한답니다.

* 국방일보는 군에서 방행하는 신문

부대 지휘관은 이러한 보안성 검토를 시행할 책임이 있는데, 전문성 부족 등의 사유로 보안성 검토가 제한될 경우 상급부대 또는 방첩부대에서 이를 지원할 수 있습니다. 그럼 보안성 검토를 어떻게 하고 있는지 알아볼까요?

① 각급 부대(서)장은 보안상 유해하거나 그 밖의 사회적 물의, 야기 등의 문제점을 해소하기 위하여 비밀을 제외한 다음 각 호의 사항에 대하여 보안성 검토를 시행합니다.

가. 부대 홍보 및 보도자료, 취재계획 및 자료
나. 대외제공 · 설명 · 공개되는 자료(국회 제공 · 설명자료)
다. 장병 대외활동자료(논문, 기고문, 인터넷, 창작품 등)
라. 시판목적의 자료, 영외 반출자료

② 보안성 검토에 대한 책임은 다음과 같습니다.

구 분	내 용
부서장	• 보안성 검토 의뢰 승인, 결과에 대한 시정조치
보안담당관	• 일반 군사자료의 대외 제공 시 보안성 검토
지휘관	• 소속 부대원에 의해 군 내부로 반입되는 도서, 음반 등에 대해 병영 생활 저해요소 유무 검토

③ **일반 군사자료의 제공절차는 다음과 같습니다.**

첫째, 일반 군사자료를 대외에 제공하거나 인터넷, 일반 FAX 이용 정부 기관에 일반 군사 자료제공 및 민원 관련 내용 송신 시 보안 담당관의 보안성 검토와 편제상 대령급 이상 부대장 승인이 되면 제공하죠.

둘째, 인터넷, 일반 FAX 이용 군내 홍보 사항 등 문의/회신 내용 송·수신할 때는 부서장 보안성 검토와 문건의 겉표지 여백에 보안성 검토 근거를 기재합니다.

셋째, 군사 사항을 대외에 취재, 홍보·보도 시에는 보안담당관 보안성 검토와 매체별 승인권자 승인을 얻고 시행합니다.

보안성 검토는 시간적인 여유가 필요한 업무 중 하나입니다. 보안성 검토를 받기 위해 제출된 자료를 읽어보고 관련 내용이 군사적인 측면에서 문제가 되지 않은지 관련 계통을 통해 알아보는 시간과 노력이 필요하기 때문입니다.

보안성 검토의뢰를 하고 나면 이점을 참고하여 보안담당관이 필요한 시간을 이해하고 그 결과를 기다려야 할 것입니다.

6-2 (비밀회의 시 보안대책)

비밀회의를 하게 되면 관련 자료도 모두 비밀로 작성되겠죠. 회의 자체도 비밀회의로 진행되기 때문에 이에 대한 대책을 다음과 같이 시행하게 됩니다.

① 군사 보호구역으로 설정되지 않은 장소는 임시 보호구역(통제구역)으로 설정하여 보안대책을 강구 합니다. 불가피하게 일반 회의실에서 진행할 경우 임시 보호구역(통제구역)으로 설정해야 합니다. 또한, 해당 구역이 임시 보호구역으로 설정되었음을 참석자들이 인식할 수 있도록 표시·고지해야 합니다.

② 회의장은 회의 주관부서에서 보안 조치 인원을 선정, 배치하여 참석자 중 허가되지 않은 녹음기, 스마트폰(비화폰 포함), 사진기 및 정보통신장비 반입 여부를 확인합니다. 부득이 반입이 필요하다고 인정될 때에는 미리 부대 보안담당관의 승인을 받아야 합니다.

* 비화폰은 비밀통화를 위해 사용되는 전화를 말한다.

③ 비밀을 발표할 때에는 무선마이크 사용을 금지합니다.

④ 회의 시 발표사항을 발췌, 기록할 필요가 있는 경우에는 배부된 회의자료에 기재하여 개인 노트에 작성하지 못하게 합니다.

구 분	기록방법
회의자료 배부 시	• 배부된 회의 자료에 기재
배부된 회의자료 회수 또는 미 배부 시	• 휴대용 노트에 기재 가능하나 최단 시간 내 비밀문서로 작성하고 휴대용 노트는 파기

⑤ 참석자의 경각심을 고취하기 위해 경고문을 작성, 고지하죠.

경 고

임시 군사통제구역

이 구역 내의 출입은 군사 0급

비밀 인가자로서(비공개회의)

업무상 관계있는 자에 한함.

⑥ 비취인가가 없는 인원이 참석하는 경우 서약서를 집행한 후 비밀회의를 참석하도록 조치합니다.

6-3 (비밀회의 자료생산/관리)

① 회의 참석자에게 배부하기 위한 비밀회의(각종 업무보고서 등을 포함한다) 자료는 사본번호를 부여하여야 하며, 회의종료와 동시 회수합니다. 예를 들어 총 10부의 회의록 중 1/10번은 홍길동, 2/10번은 백두산 등 회의록을 누구에게 주었는지 확인 하는 근거가 되죠. 파기할 자료는 접수용 비밀관리기록부에 등재된 원본의 비밀이력카드에 사본 부수(사본번호) 및 파기 근거를 기록하여야 합니다.

② 비밀회의 자료의 배부 시 회의 담당자는 사전에 참석자 현황을 파악하고 필요한 부수만큼 사본을 생산합니다. 자료 원본은 접수용 비밀관리기록부에 등재하고 발송용 비밀관리기록부에 서명을 받은 후 배부하죠.

회의 참석자는 부대 복귀 즉시 접수용 비밀관리기록부에 회의자료를 등재하여 관리합니다.

③ 회의 종합부서로 회의록 제출 절차는 다음과 같습니다.

구 분	기록방법
제출부서	• 제출할 비밀을 사본을 생산 • 접수용 비밀관리기록부 등재 불필요 • 자료 제출 시 발송용 비밀관리기록부에 의해 제출 • 제출 후 비밀 파일, 문서 등은 파기조치
종합부서	• 접수한 사본비밀을 접수용 비밀관리기록부에 등재 • 접수 비밀을 토대로 종합된 회의자료 합철 생산 등재 • 접수한 비밀, 접수용 비밀관리기록부 삭선

야전 보안업무

「비밀회의 시 위반사례」

- 회의내용이나 관련 획득사항을 발설: 자기과시, 불만 표출 등
- 회의 시 보안 조치 미흡: 참석자 명부작성, 자료 미소거 등
- 사전 휴대용장미 미회수로 스마트폰, 보이스펜 등 녹음
- 개인적인 언론 활동으로 회의내용 노출, 혼선 야기

6-4 (부대 보안교육)

군사보안을 잘 알 것 같은 군인들이라도 막상 해당 업무를 해보지 않으면 이해하기 어려운 것이 보안업무입니다. 그래서 주기적인 교육을 통해 보안업무를 이해하고 보안사고를 예방하고 있습니다.

① 보안교육은 '정신보안교육'과 '보안 실무교육'으로 구분하고, 사이버·보안 진단의 날 등을 활용하여 월 2시간 이상 실시하여야 하며, 그 실적은 업무일지 등에 기록합니다.

② 정신보안 교육은 보안의식을 향상시켜 보안의 목표를 완벽히 달성하기 위한 것으로 장병뿐만 아니라 군 관련 민간인과 군인가족 등이 대상이 됩니다.

③ 보안 실무교육은 계급 및 직위별로 요구되는 보안 실무능력을 함양하여 보안업무를 체계적으로 수행하기 위해 실시하는 것으로 보안관계관이 대상이 됩니다.

④ 보안교육은 다음과 같이 대상자별로 교안을 작성, 시행하며 교육내용은 부대 보안규정을 따릅니다.

가. 일반장병
나. 실무장병
다. 상근예비역
라. 군인가족
마. 군 관련 민간인
바. 비밀취급 인가 예정자
사. 휴가 · 외출 · 외박 · 해외여행자

⑤ 보안교육을 실시한 후 교육 근거를 작성하게 됩니다. 이때 추가 행정소요가 발생하지 않도록 사이버 · 보안진단의 날 결과에 첨부하거나 또는 부대 업무일지 등에 포함하여 기록하면 효율적이겠죠.

보안교육은 효과를 극대화하기 위해 대상자별 맞춤형 교육을 시행하여야 하며 소속부대의 임무와 상황을 고려하여 교안을 작성하는 것이 좋습니다. 예를 들어, 각종 훈련 전에는 시기성을 고려한 '훈련내용 SNS와 인터넷 게시 금지' 등을 교육하여 예상 취약점을 예방하는 것이죠.

6-5 (비밀자료 교육)

Ⅱ · Ⅲ급 비밀로 지정된 교재 또는 자료를 교육하는 학교는 교육간 비밀내용이 유출 되지 않도록 적절한 강의 장소를 선정 합니다. 또한, 강의 장소 주변에 배회하는 인원이 없도록 통제하는 등 보안대책을 강구하는데요. 추가적으로 확인해야 할 사항은 다음과 같습니다.

① 교육생들이 비밀취급 인가를 받았나요?
② 불필요한 인원 접근통제는 되었나요?
③ 필기 노트를 인가해 주었으며 종료 후 노트 회수는?

④ 비밀자료에 대한 강의 전·후 준수사항 교육은?

⑤ 마이크는 보안을 위해 유선으로 준비했나요?

6-6 (민간시설 이용 비밀 발간)

필요한 책이나 수험 서적을 일부 복사하기 위해 학교 주변 인쇄업체나 문방구를 찾아가 본 경험들이 있죠. 우리 군도 때에 따라 민간시설을 이용하여 발간을 하는데 사회와 조금 차이가 있답니다.

① 민간시설을 이용하여 비밀을 발간(인쇄, 현상, 인화, 영상물, 전자기록매체, 모형물 등) 할 때는 비밀발간승인서에 따라 보안담당관의 승인을 받아 발간할 수 있습니다. 다만, Ⅰ급 비밀 및 보안자재는 민간시설에서 발간할 수 없죠.

② 비밀은 생산부대 또는 국군인쇄창과 같은 군 인쇄시설에서 발간하는 것을 원칙으로 하나, 군 시설 이용이 제한되는 경우 Ⅱ·Ⅲ급 비밀만 지정된 민간시설을 이용합니다. 민간시설 이용 시 아무 곳에서 발간해서는 절대 안 됩니다. 반드시 국방부에서 지정한 비밀발간업체를 이용해야 합니다.

③ 비밀을 발간할 때에는 발간된 문서(책자)의 말미 또는 후면 표지 이면에 아래와 같이 그 내용을 기재해야 합니다.

20 년 월 일 부 발간				
발간업체명				
대표자	(전화)			
인가근거				
참여자	소 속			
	계 급		성 명	

6-7 (SNS 활용 시 보안)

일상생활에서 시간과 횟수가 가장 빈번한 활동 중 하나가 SNS를 사용하는 것이죠. 내 생각과 일상 속 사진들을 올려 친한 사람들과 소통하는 매개체인데 군에서 사용할 경우 몇 가지 주의사항이 있답니다.

가장 중요한 것은 군사정보 누설 금지입니다. SNS에서 군사작전, 부대편성, 군 인사, 군사 훈련, 부대 위치 등 군사비밀을 게시하지 말아야 하죠. 또한, 군사비밀로 분류되지 않았으나 훈련 일정 등과 같이 군사보안 위협가능성을 가지는 정보도 게시하지 않아야 합니다. 그 이유는 휴가나 훈련 등을 개인적인 일정으로 게시하는 경우 군사 비밀 정보를 유추할 수 있기 때문입니다.

사진과 영상 촬영물에 대한 게시도 주의해야 합니다. 영내 면회실과 같이 촬영이 허용된 장소에서만 사진 · 영상을 촬영해야 하죠. 업무 중에는 군사시설 및 장비 등 군사보안에 위배 되는 내용이 노출될 수 있어 촬영 및 SNS 이용을 하지 않아야 합니다. 또한, 군 기강을 저해시키는 장난성, 음란성, 폭력성 등 사진이나 영상을 촬영 및 게시를 하면 안 됩니다.

군사 위치 정보 노출은 당연히 주의해야 하겠죠. 글이나 사진의 내용에 구체적인 부대 위치나 주소가 포함되어, 군사시설 위치가 드러나지 않도록 해야 합니다. 또한, 게시물에 위치 정보가 포함되어 군사시설의 위치 정보가 노출될 수 있어 휴대폰의 위치 정보 설정 기능을 해제한 상태에서 글을 게시하세요.

정치적 중립 의무를 준수하여 SNS상에서 정치적 의견을 게시 하거나 논쟁을 벌이 활동을 하지 않아야 합니다. 군은 정치적 중립을 지키는 조직이기 때문이죠.

마지막으로 상관을 모욕하거나 명예훼손, 욕설, 인권침해 등 불법행위를 하지 말아야 합니다.

6-8 (전입 및 전출 보안 조치)

매년 많은 간부가 명령에 따라 새로 들어오거나(전입) 다른 부대로 이동(전출)을 하게 됩니다.

이때 비밀자료를 상호 확인하고 업무를 인수인계하는 절차를 실시하는데 여러분이 부대에 전입 하거나 혹은, 전출 간다면 군사보안 조치를 하나도 빠트리지 않고 조치할 수 있을까? 상상해 보세요. 잘 떠오르지 않죠.

그런데 너무 걱정하지는 마세요. 전입 및 전출 시 공통적으로 확인해야 할 사항을 아래의 표에 정리하였으니 이 정도 수준에서만 조치한다면 기본적일 조치는 충분히 완료 할 수 있으니까요.

* 음성비문이란?
등재하지 않고 업무 편의 상 몰래 숨겨놓고 사용하는 비밀을 말하며 적발 시 처벌

* 자료교환체계란?
군자료와 민간자료를 메일로 주고받기 위해 설치된 시스템

① 전입 시 조치사항

- 출입증 · 차량 출입증 신청/보안서약서 작성(보안담당관 제출)
- 비밀 실물 인수
  - 수량, 페이지, 예고문 날짜, 이력카드 작성 실태
  - 비밀 이력카드에 인수내용 기록
  - 접수용 비밀관리기록부 최종 기록란 인수 기록
- PC 전산보안 확인/점검
  - 음성 비밀 저장 여부 확인
  - 필수 설치 프로그램 설치 여부 및 패스워드 확인
  - 불필요 파일 삭제, 보조 기억매체(CD, USB 등) 인수
- 개인 상용정보통신 장비 등록, 국방자료교환체계 소속변경
- 보안 일일 결산 체계 신규 입력

② 전출 시 조치사항

- 출입증 비표, 차량 출입증 반납(가족 출입증 포함)
- 비밀 실물 인계
  - 수량, 페이지, 예고문 날짜, 이력카드 작성 실태
  - 접수용 비밀관리기록부 · 이관대기 목록표 최종기록란 인계 기록
- PC 전산보안 인계
- 국방자료교환체계 소속변경(전출자)
- 보안서약서 작성(전역자)

6-9 (사이버 보안진단의 날 행사)

사이버보안진단의 날 행사는 전군이 매월 1회 실시하는 보안관련 업무로 PC 진단부터 부서원 교육 등 군사보안에 대한 취약요소를 사전 예방하는 행사입니다.

시행 시기는 매월 세 번째 금요일에 하도록 되어 있으나 부대 일정 등을 고려하여 장성급 부대장이 사전승인하면 시행 일정을 조정할 수 있습니다.

확 인 사 항	실시결과
• 각종 비밀번호 변경 • 보안 바탕화면 변경 및 화면보호기 대기시간 확인 • 필수보안 SW 설치 확인	
• 온라인 보안규정평가 시행(분기 1회, 전원)	
• 비밀 · 저장매체 실셈 후 개인 보안 일일 결산 시행	
• 개인 비밀관리사항 확인	

사이버보안진단의 날 행사시 보안교육을 2시간 이상 실시하며 지휘관이나 부서장이 직접 교육을 합니다. 또한, 부서장과 같은 보관책임관 '정'은 부서의 보안 진단을 실시하죠.

- **비밀 소유조사 실시(개인 보안결산 추가 확인)**
- **업무용/인터넷 PC내 비밀자료 저장 여부 확인**
- **업무용/인터넷 PC 비밀번호 변경**
- **백신 최신화 및 바이러스 정밀점검 시행**

개인과 부서 단위로 교육과 진단을 시행하면서 보안담당관은 부대의 취약지역을 순찰합니다. 시설보안 등 위해요소를 식별하고 조치하는 활동과 각 부서의 보안상태 등을 병행하는 것이죠.

매월 실시하는 사이버보안진단의 날 행사시 개인 보안 평가도 전산 체계를 통해 분기 1회 시행해야 합니다. 평가는 비밀 취급 인가자와 비인가자로 구분되는데 본인이 비밀 취급인가가 있다면 비밀 취급 인가자용으로 평가를 시행하면 되겠죠.

6-10 (보안사고 발생 시 조치)

보안규정을 모르거나 알면서 편리성 때문에 보안절차를 위반하여 적발되면 보안사고에 대한 조사 등을 받게 됩니다. 보안사고는 부대가 상급부대로부터 보안감사를 받거나 불시 점검 시 적발되는 경우가 많은데 이때, 적발된 개인은 부서장과 부대 보안담당관에게 아래의 사항을 보고해야 합니다.

- 사고일시 및 장소
- 사고자 인적사항
- 사고내용
- 조치사항
- 그 밖의 참고사항

보안사고에 대한 조사는 방첩부대에 의해 보안 위반 사항과 비밀의 분실·유출·누설 등의 조사를 합니다. 보안조사 시 업무용 PC에 저장된 자료나 삭제된 자료를 확인하고 필요에 따라서 출입기록, CCTV 영상, 그 밖의 조사에 필요한 자료 제공이나 설명 등을 확인하죠.

보안사고 위반자에 대한 처리는 해당부대 지휘관이나 방첩부대의 조사 결과에 따라 처리가 됩니다. 이때, 보안사고 조사결과 고의성, 피해 정도를 고려하여 가중처벌을 할 수 있습니다.

보안위반자의 처리는 아래의 절차를 따라 처리합니다.

- 징계대상의 경우
  - 징계위원회는 징계권자의 징계요구일로부터 30일 이내에 심의 · 의결
  - 징계위원 중 보안부서 인원 1명을 징계위원으로 위촉
- 경고대상의 경우 : 해당 부대장 책임 하 본인에게 소명 기회를 부여

징계 연장은 부득이한 경우 징계위원회 의결로 30일 이내 기간연장이 가능합니다.

위반자는 징계 처리기준에 따라 중징계의 경우 6~7점, 경징계는 3~5점, 징계 유예는 2점 등 벌점을 부여받고 인사기록에 반영되니 보안사고가 발생하지 않도록 규정을 잘 준수해야 하겠죠.

제3편
잠재적 위협

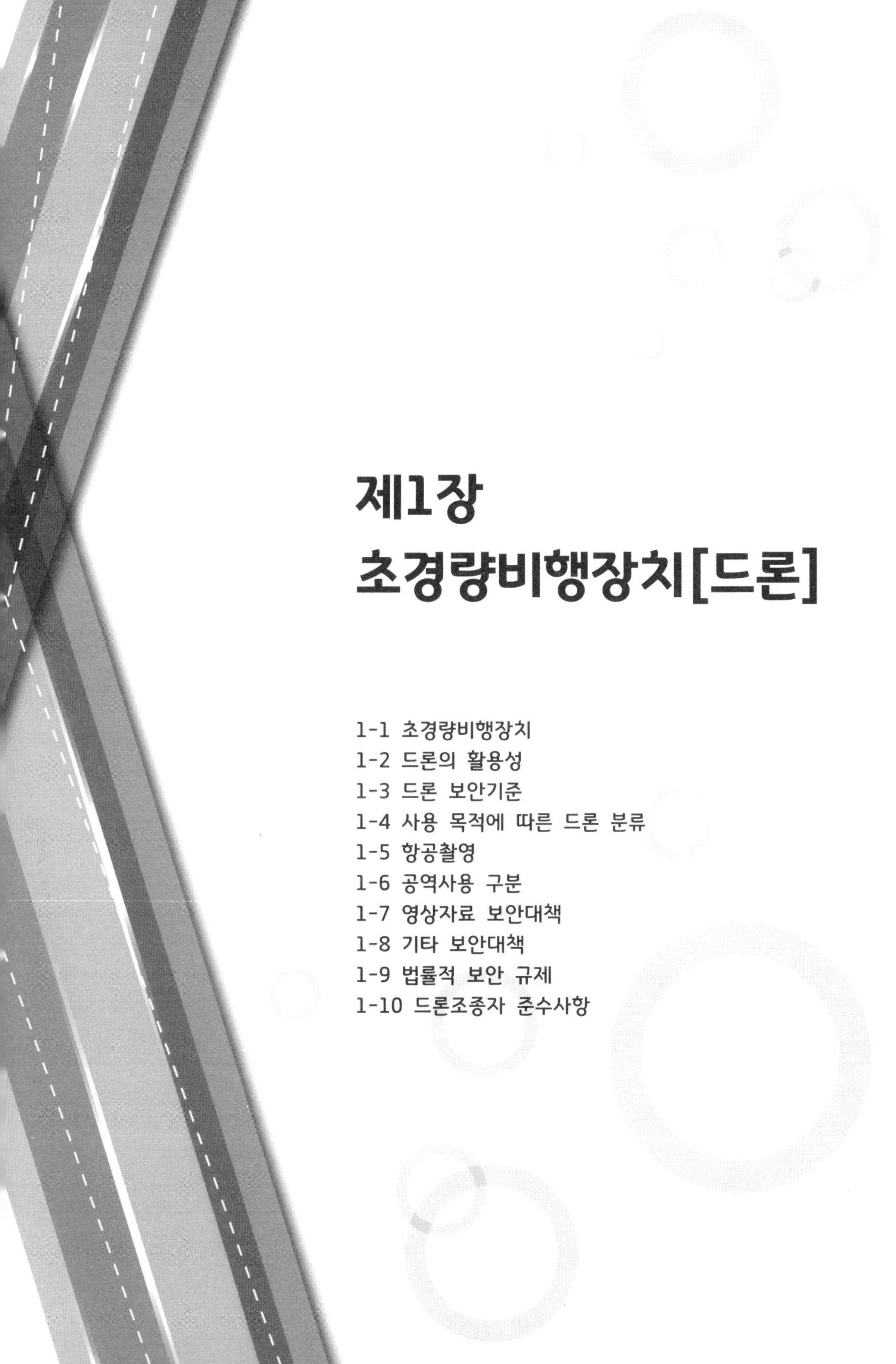

제1장
초경량비행장치[드론]

1-1 초경량비행장치
1-2 드론의 활용성
1-3 드론 보안기준
1-4 사용 목적에 따른 드론 분류
1-5 항공촬영
1-6 공역사용 구분
1-7 영상자료 보안대책
1-8 기타 보안대책
1-9 법률적 보안 규제
1-10 드론조종자 준수사항

요 약

1장 기존의 군사보안 분야에 별도로 구성되어 있지는 않으나 시설보안, 정보통신보안 등에 관련 내용이 일부 기술되어 있고, 현대 사회에서 자주 접하는 드론에 대한 운용 및 관리가 향후 군사보안 측면에서 새롭게 대두될 수 있어 이에 대한 보안대책을 작성하여 한 눈에 이해하도록 정리하였다.

1-1항~1-3항

1-1항부터 1-3항은 드론에 대한 항공법상 분류기준과 활용성 및 보안기준 등을 기술하였다.

1-4항~1-10항

1-4항부터 1-10항은 드론을 활용한 항공촬영 시 보안 조치와 영상 촬영된 자료에 대한 조치, 법률적 보안 규제, 조종자 준수사항 등을 기술하였다.

♠ 오직 철저한 준비만이 승리를 보장한다. - 롬멜 -

1-1 (초경량비행장치)

항공기와 경량항공기 외에 공기의 반작용으로 뜰 수 있는 장치로 행글라이더, 패러글라이더, 기구류, 무인비행장치 등을 말하며 드론도 초경량비행장치에 분류되어 있습니다.

* 무인항공기 분류
1. 무인 비행기
2. 무인 헬리콥터
3. 무인 멀티콥터
4. 무인 비행선

1-2 (드론의 활용성)

드론의 활용은 민간분야에서는 레저용으로 많은 사랑을 받으면서 마니아층이 형성되어 가고 있다.

국방에서의 활용은 외국군 사례를 살펴보면, 미군의 경우 이라크와 아프간에서 무인이동 체의 유효성을 입증하면서 정찰 및 감시뿐만 아니라 공격용으로 개발되어 다양한 임무를 수행해 가고 있습니다.

드론의 활용은 총알과 포탄이 빗발치는 전장이라는 특수한 상황을 고려했을 때 인명피해를 최소화 할 수 있는 수단입니다.

또한, 무더운 여름이나 극한기후와 같이 악조건의 환경에서도 임무 완수에 효과적인 능력을 발휘할 수 있다는 점에서 그 능력이 높이 평가되고 있죠.

시중에 판매하는 드론도 공중비행부터 영상촬영 등 다양한 능력을 가지고 있죠. 군에서 사용하는 드론은 정찰감시(영상촬영) 뿐만 아니라 수송(물건을 나르는), 공격, 폭발물 제거 등 목적에 따라 다양한 기능을 보유하여 인간을 보조하는 수단으로 사용하기 위해 발전시켜 나가고 있습니다.

앞으로의 기술개발은 장비의 경량화와 장기간 하늘에서 머무를 수 있도록 배터리 수명시간을 연장하는 연구로 발전되어 가고 있습니다. 만약, 장비의 소형화와 무선통신 범위를 확장하는 등 운용범위가 넓어진다면 군사적인 측면에서 많은 변화가 예상됩니다.

1-3 (드론 보안기준)

현재 군사용 드론은 '정찰 드론'과 '공격 드론'으로 구분되는데 정찰(감시) 드론은 획득 가능한 표적 정보의 보안수준을 고려하며 공격(타격) 드론은 제어권 해킹 시 아군에 미치는 위협을 고려하여 보호를 강화해야 합니다.

* 드론이란 조종자가 탑승하지 아니한 상태로 항행할 수 있는 비행체로 국토교통부령으로 정하는 기준을 충족하는 기기를 말함.

* 특수목적 드론은 통신중계드론, 폭발물탐지드론, 화생방탐지 드론, 안티드론 등을 말한다.

드론 촬영 원천영상에 대한 기준은 감시능력을 고려하여 비밀 등급을 차등하여 적용합니다. 군단급 이하 제대 감시자산의 원천영상은 비공개에서 Ⅲ급까지 분류합니다.

1-4 (사용 목적에 따른 드론 분류)

구 분	분 류
작전사 정찰 · 공격 · 특수목적 드론	비 밀
• 군단~사 · 여단급 정찰 · 특수목적 드론 • 대대급 이상 공격 드론	
• 대급 이하 정찰 · 특수목적 드론 • 대대급 이하 공격 드론 • 작전지속지원, 감시지원 드론	비공개
교육훈련용 드론	-

1-5 (항공촬영)

각급 부대의 장은 비행체를 이용하여 항공촬영을 할 경우 장성급 지휘관의 승인을 얻어 촬영을 하거나 허가 및 보안 조치를 할 수 있습니다.

① 드론 등 무인 항공기를 이용하여 항공촬영 시는 부대 특성에 부합한 보안대책(무선 인터넷 기능 물리적 제거, 저장매체 등록 관리, 비행종료 후 드론 내 영상 제거 등)을 마련해야 합니다.

② 상용 정보통신 시설 및 촬영 · 저장 · 전송 · 무선 송(수)신 기능이 있는 장비(CCTV, IPTV, 드론 등)를 군 영내에 설치하거나 군사 목적으로 사용할 때에는 장성급 부대장의 승인을 얻어야 합니다.

③ 공군기지를 출입하는 전 인원은 공무 목적으로 허가된 경우를 제외하고, 드론 등 항공촬영이 가능한 장비를 군사보호구역, 지원시설, 영내 관사지역 등 기지 시설 촬영이 가능한 영외지역에서 작동 · 운용할 수 없습니다.

[항공사진 촬영 금지지역]

- 국가 및 군사보안목표시설, 군사시설
- 군수 산업시설 등 국가 안보상 중요한 시설 및 지역
- 비행 금지구역

* 공역이란 비행을 하기 위한 어떤 지역의 상공을 말함.

1-6 (공역사용 구분)

비행을 위한 공역의 사용 목적에 따른 구분은 다음과 같습니다.

구 분		내 용
통제 공역	비행금지구역	안전, 국방상, 그 밖의 이유로 항공기의 비행을 금지하는 공역
	비행제한구역	항공사격 · 대공사격 등으로 인한 위험으로부터 항공기의 안전을 보호하거나 그 밖의 이유로 비행허가를 받지 않은 항공기의 비행을 제한하는 공역
	초경량비행장치 비행제한구역	초경량비행장치의 비행안전을 확보하기 위하여 초경량비행장치의 비행활동에 대한 제한이 필요한 공역
주의 공격	훈련구역	민간항공기의 훈련공역으로서 계기비행항공기로부터 분리를 유지할 필요가 있는 공역
	군 작전구역	군사작전을 위하여 설정된 공역으로서 계기비행 항공기로부터 분리를 유지할 필요가 있는 공역
	위험구역	항공기의 비행 시 항공기 또는 지상시설물에 대한 위험이 예상되는 공역
	경계구역	대규모 조종사의 훈련이나 비정상 형태의 항공활동이 수행되는 공역

보안사례

2014년 두 대의 북한 소형무인기가 우리 영공을 침범했던 사례가 있다. 비록 조잡한 수준의 자동운행 장치를 장착했지만 은밀히 침투하여 우리 군 주요시설에 대한 무단 촬영이 가능함을 알게 되었다. 이후 강원도와 백령도 일대에서 추락한 무인기가 식별되어 무인기에 대한 보안상 취약점을 인식하는 계기가 되었다.

1-7 (영상자료 보안대책)

드론의 추락, 분실 등으로 인한 영상 노출에 대비하여 비상시 영상 소거 기능을 보유해야 하며 외부유출 방지를 위하여 드론·조종기 내 모든 영상자료는 비행 종료 즉시 소거해야 합니다.

드론을 활용하여 영상촬영 시 원천영상 분석 등 추후 별도 보존이 필요한 자료는 외장 HDD를 이용하여 보관해야 합니다.

또한, 국가보안시설, 군사보안시설, 경계시설 등이 촬영된 영상은 작전 후 영상정보 확인 시 삭제해야겠죠.

불필요한 영상자료의 저장을 방지하기 위하여 보관책임관은 매월 사이버·보안 진단의 날 행사 시 점검하며 대외기관에 제공되는 영상은 공개 영상자료만 제공해야 합니다.

영상저장매체(SD카드)는 휴대용 저장매체 관리·운용 규정을 준수해야 합니다.

1-8 (기타 보안대책)

드론에 장착된 영상 촬영기와 저장매체는 상용정보통신 장비 등록대장에 등록하고 컴퓨터 및 주변 장비반입·반출 대장을 작성 및 유지합니다. 조종기에 대한 접근은 사용자 식별 및 인증절차를 거칩죠.

지상통제장치는 드론 조종 외 목적으로 사용할 수 없으며, 조종 전용 프로그램을 제외한 기타 프로그램은 설치할 수 없습니다.

* 지상통제장치는 자동 경로를 비행 가능하게 한다.

또한, 보안프로그램을 설치하여 주기적인 바이러스 검사를 시행해야 하겠죠.

업체 유지·보수 간에 내부 시스템 확인 목적으로 관리자 권한 사용 시 관리책임관이 현장 입회하여 권한의 무단사용 여부를 확인해야 합니다.

1-9 (법률적 보안규제)

* 법률적 규제를 알아야 하는 이유는 드론 활용 시 불법 활동에 대한 문제를 예방하고, 문제 발생 시 군 사기에 영향을 미칠 수 있기 때문에 이를 이해하고 주의해야 함

고성능카메라 및 음향 통신장비 등을 이용하여 물적/인적 개인정보를 수집하여 불법적으로 사용될 경우 법률적 처벌을 받을 수 있습니다.

법적 처벌은 사회에서 통용됨으로 군사보안을 연구하는 사람이라면 알아야 할 필요가 있죠.

① 개인정보 보호법 위반: 드론 운용지역은 공중이라는 특수성을 지니고 있죠. 영상, 녹음 등을 통하여 개인의 얼굴이나 활동들을 시간과 장소에 구애받지 않고 촬영할 수 있는데 이를 불법으로 촬영하고 제 3자에게 공개 시 개인정보 보호법 위반으로 처벌을 받을 수 있습니다.

② 통신비밀보호법 위반: 공개되지 않은 타인 간의 대화 내용을 드론으로 녹음하는 경우 1년 이상 10년 이하의 징역과 5년 이하의 자격정지에 처해 집니다.

③ 위치정보 보호 및 이용 등에 관한 법률: 누구든지 개인 위치정보 주체의 동의를 받지 아니하고 해당 개인 위치 정보를 수집·이용 또는 제공해서는 안 됩니다.

④ 정보통신망 이용촉진 및 정보보호 등에 관한 법률 위반: 드론을 활용하여 수집된 정보를 개인의 동의 없이 영리 목적의 광고성 정보를 전송하거나 음란한 부호, 음향, 영상 등을 배포 및 판매하거나 법령에 따라 분류된 비밀 등 국가 기밀을 누설하는 정보 등을 유통해서는 안 됩니다.

1-10 (드론 조종자 준수사항)

자동차 면허자도 교통법규를 지키는 이유는 사람의 생명, 재산피해, 질서 등을 고려하기 때문입니다. 공중에서 조종되는 드론은 어떤 것을 준수해야 할까요?

① 인명이나 재산에 위험을 초래할 우려가 있는 낙하물을 투하하는 행위를 해서는 안 되겠죠.

② 주거지역, 상업지역 등 인구가 밀집된 지역이나 사람이 많이 모인 장소의 상공에서 인명 또는 재산에 위험을 초래할 우려가 있는 방법으로 비행해서는 안 됩니다.

③ 사람 또는 건축물이 밀집된 지역의 상공에서 건축물과 충돌할 우려가 있는 방법으로 근접하는 비행은 금지합니다.

④ 관제공역 · 통제공역 · 주의공역에서 비행하는 행위. 다만, 비행 승인을 받은 경우는 제외합니다.

⑤ 안개 등으로 인하여 지상 목표물을 육안으로 식별할 수 없는 상태에서 비행하는 행위를 해서는 안 됩니다.

⑥ 비행 시정 및 구름으로부터의 거리 기준을 위반하여 비행하는 행위나 일몰 후부터 일출 전 야간 비행은 금지합니다.

공중에서 활동하는 장비는 지상에 있는 사람에게 위협적인 요인으로 작용합니다. 이러한 점을 잘 유념하여 공적 또는 사적 목적으로 운용 시 드론에 대한 안전대책 준수를 잊지 말아야겠죠.

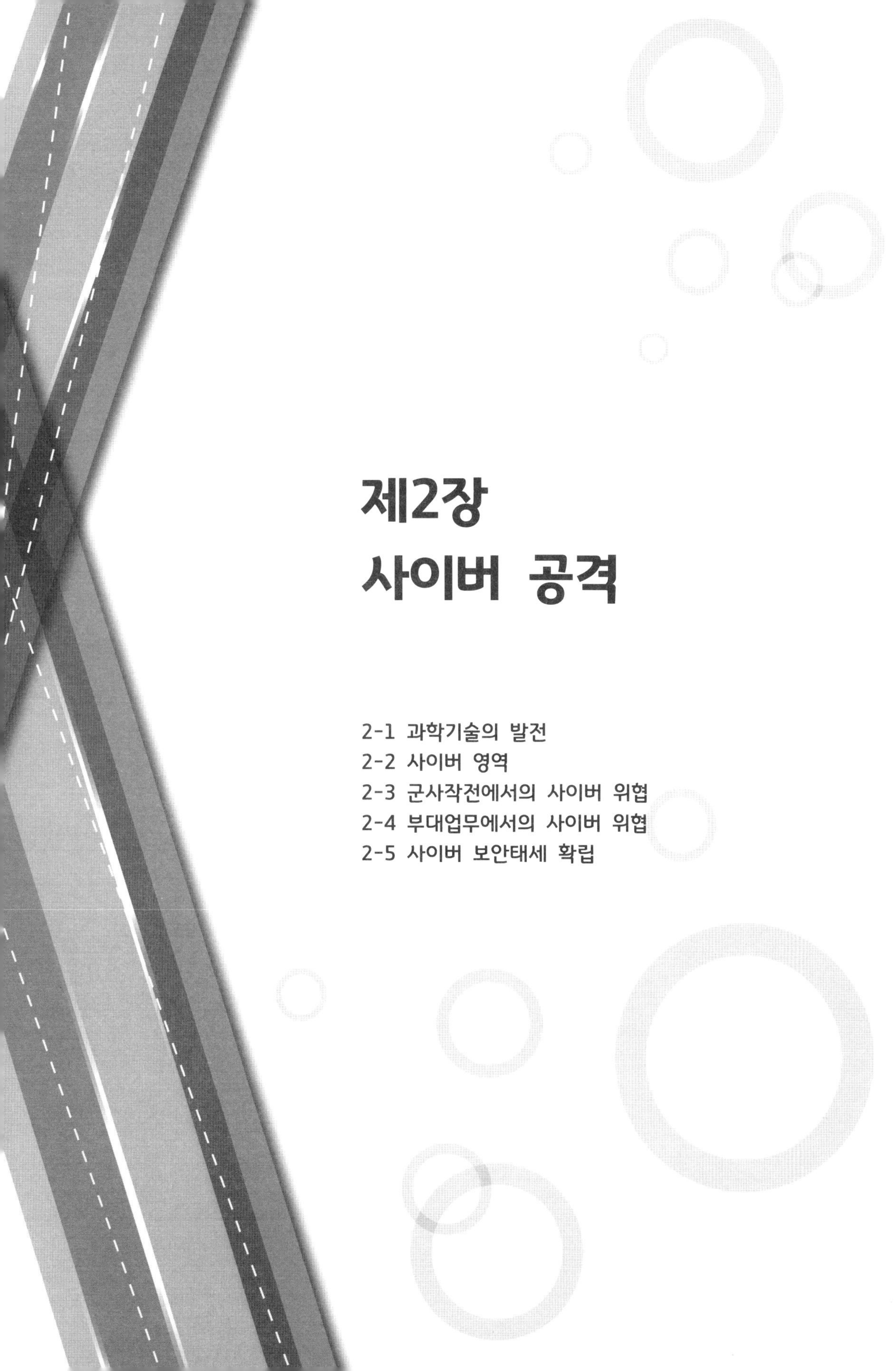

제2장
사이버 공격

2-1 과학기술의 발전
2-2 사이버 영역
2-3 군사작전에서의 사이버 위협
2-4 부대업무에서의 사이버 위협
2-5 사이버 보안태세 확립

요 약

2장 사이버 및 데이터 공격은 우리가 마주하고 있는 현실에서 심심치 않게 그 위협성과 피해들을 직간접적으로 접하고 있다. 또한, 군사 안보에도 사이버전의 위험성에 대응함을 고려했을 때 군사보안 측면에서 작게나마 우리가 기여할 수 있는 부분을 이해하도록 작성하였다.

2-1항~2-2항

2-1항부터 2-2항은 과학기술 발전과 사이버 공격이 군사보안에 직접적으로 영향을 미칠 수 있는 취약요인을 기술하였다.

2-3항~2-5항

2-3항부터 2-5항은 빅데이터 기술 등 다양하게 축적된 군사 데이터가 외부유출 시 군사작전에 영향을 미칠 수 있어 취약요인에 대한 대비를 기술하였다.

♠ 전장에서 이기고 지는 것은 군사의 많고 적음에 있지 아니하고, 전장 환경을 극복하려는 군인의 마음가짐에 달려있다. - 이순신 -

2-1 (과학기술의 발전)

민간분야의 발전은 군사 과학기술 발전에도 영향을 미치고 있다. 정보통신 및 사이버 기술은 체계뿐만 아니라 전투 수행 개념에도 영향을 주고 있죠.

① 정보통신 기술 발전은 전투수행기능 요소들을 효과적으로 운용하기 위한 네트워크 중심의 작전환경으로 조성되고,

* 전투수행기능은? 부대의 규모와 특성과 관계없이 수행해야 할 군사적 역할과 활동

② 사이버공간은 가상의 공간으로 군사력 운용에 필요한 각종 지휘체계, 정보유통 네트워크 화 되면서 국가기반시설을 무력화 하는 등 심각한 위협으로 급부상하고 있으며,

③ 데이터 생산 및 축적, 가공기술의 발전은 사전에 예측하여 대응할 수 있도록 시간 단축에 기여하고 있습니다.

2-2 (사이버 영역)

기존의 군사보안은 경험을 통해 해결 가능한 전통적인 보안수준이었다면, 현재는 사이버 영역의 확대로 전문적인 영역으로 확대되어 가고 있죠.

사이버 영역에서 축적된 데이터는 과거에는 일정한 형식으로 구축된 정형데이터와 그 형식이 정해지지 않은 비정형 데이터로 속성에 따라 구분되었다. 지금은 인공지능 등 지능화된 정보기술 발달로 빅데이터를 활용하여 예측, 대응하는 수준으로 데이터가 활용되고 있어 취약점을 보완하는데 관심이 증가 되고 있습니다.

* 비정형 데이터는 문자, 그림과 같이 일정한 형식이 갖춰지지 않은 데이터를 말한다.

① 장비의 효율적인 연동성
② 인공지능, 빅데이터 등 인간의 한계를 넘어선 속도와 저장능력
③ 자동화 처리능력 및 지능화 발전

특히, 축적된 데이터는 필요에 따라 가공하면 군 전투력을 예측할 수 있어 취약요인을 식별, 관리하는데 관심이 요구되고 있다.

① 보안규정을 무시하고 친분에 의한 데이터 제공
② 데이터 제공 주체의 불명확성 : 보안사고 부담감, 업무 기피
③ 가공된 데이터의 보안수준 책정 부재 : 공개, 비공개

2-3 (군사작전에서의 사이버 위협)

보이지 않는 새로운 영역에서 우위를 선점하기 위해 전 세계가 사이버 공간이라는 새로운 전쟁 위협에 대비하고 있는데 군사작전에서는 어떨까요?

① 사이버 공간은 경계가 없는 개방된 공간으로 민·관·군 등 각종 기관이 선제적으로 영역을 넓혀가고 있으며 우리 군은 국가안보를 위한 사이버 작전이 군사보안 측면에서도 일부가 되어가고 있죠.

* 비대칭전이란? 상대방이 효과적으로 대응할 수 없도록 상대방과 다른 수단, 방법으로 싸우는 전쟁

② 평시 사이버 영역은 군사기밀 유출 및 해킹 등을 통해 군 내 정보를 사전에 획득하는 데 주력하고 있으며, 전시에는 군 지휘체계 및 정보체계를 교란하거나 무력화할 수 있어 이에 대한 대비책을 강구하고 있습니다. 특히, 전시 사이버 영역은 재래식 공격보다 비용대비 효과달성이 용이한 비대칭전으로 국가안보에 상당히 위협요소가 되죠.

2-4 (부대업무에서의 사이버 위협)

우리 군은 사이버 위협에 대비하여 사이버 사령부를 창설하여 운용 중에 있습니다. 전문인력들을 채용하여 사이버 공격으로부터 군 네트워크를 보호하기 위해 다각적으로 기술을 개발, 발전시켜 나가고 있지만 사이버 공격에 대한 위협은 여전히 현재 진행형입니다.

① 간부 개인에게 지급되는 업무용 PC의 증가는 국방망을 사용하는 모든 네트워크에 노출되어 외부 공격 시 취약

② 회의실 및 사무실 등에 설치되어 있는 화상전화와 스마트 TV는 실시간 군 작전상황을 획득 및 활용 가능

③ 다양한 종류의 외부 장비 반입 시 민간업체에 대한 공격을 통하여 군 장비의 보안 취약요소를 획득 및 활용용이

업무의 효율성과 편리한 접근성은 사용자뿐만 아니라 군사정보에 대한 외부인원 접근이 용이하여 사이버 보안에 대한 개인의 역할과 조직의 효율적인 관리가 절실히 필요한 상황이죠.

* 민간업체가 전산망 정비를 위한 출입 시 국방망과 외부망 연결로 인한 사고는 대규모 비밀유출 사건으로 발전될 수 있으니 주의해야 한다.

2-5 (사이버 보안 태세 확립)

군사작전 및 부대 일상 업무 속에서 발생할 수 있는 사이버 위협에 대비하기 위한 보안태세는 사이버 보안의 날 행사, 해킹 위협대비 훈련뿐만 아니라 다양한 방법으로 보완 및 발전시켜 나가야 합니다. 어떻게 준비해야 할까요?

① 국방망에서 작성한 자료를 인터넷망으로 전환 시, 자료 교환 체계를 활용하고 동시에 바이러스 검사와 치료를 병행해야 하겠죠.

② 저장 및 전송이 편리한 스마트폰을 이용한 군사기밀 유출에 대한 경각심을 갖도록 수시 교육이 필요합니다. 개인보안책임제의 영역에서 개인 역량 한계를 고려하여 사이버영역을 잘 다룰 줄 아는 인원이 취약요소를 진단하여 차단하는 것이 효과적이겠죠.

③ 부대 자체적으로는 주기적인 위협평가(개인~조직)를 통해 소소한 것부터 식별하여 위협요소를 차단 및 보완해야 하죠. 군사보안 측면에서 데이터가 외부로 유출되었을 때 국가안보와 우리 군의 전술 노출에 영향을 미칠 수 있는가를 먼저 판단하고 보호 대책을 수립해야 합니다.

가. 데이터 관련 군사보안 가이드라인 제시

① 생성단계: 비밀 및 평문 구분
② 수집단계: 자동으로 분류되고 수집 가능한 데이터
③ 가공단계: 누구나 다룰 수 있도록 표준화된 데이터
④ 분석단계: 편제, 인적사항 등 노출 가능 여부
⑤ 활용 및 환류 단계: 내용 변경 및 수정 불가능

* 편제란 어떤 조직이나 기구를 편성해서 체제를 조직하는 것

나. 전산 자료에 대한 보호 등급 설정
다. 데이터 제공 시 보안성 검토 등 적법한 절차 준수
라. 데이터를 재가공 시 인원, 편제, 전술 노출 가능성

④ 장기적으로는 사이버 공격에 대한 알고리즘을 개발하여 사이버 침해에 대한 대응능력을 향상 시키고 반복 학습을 통한 위협에 대응하는 예측모델 개발이 필요합니다.

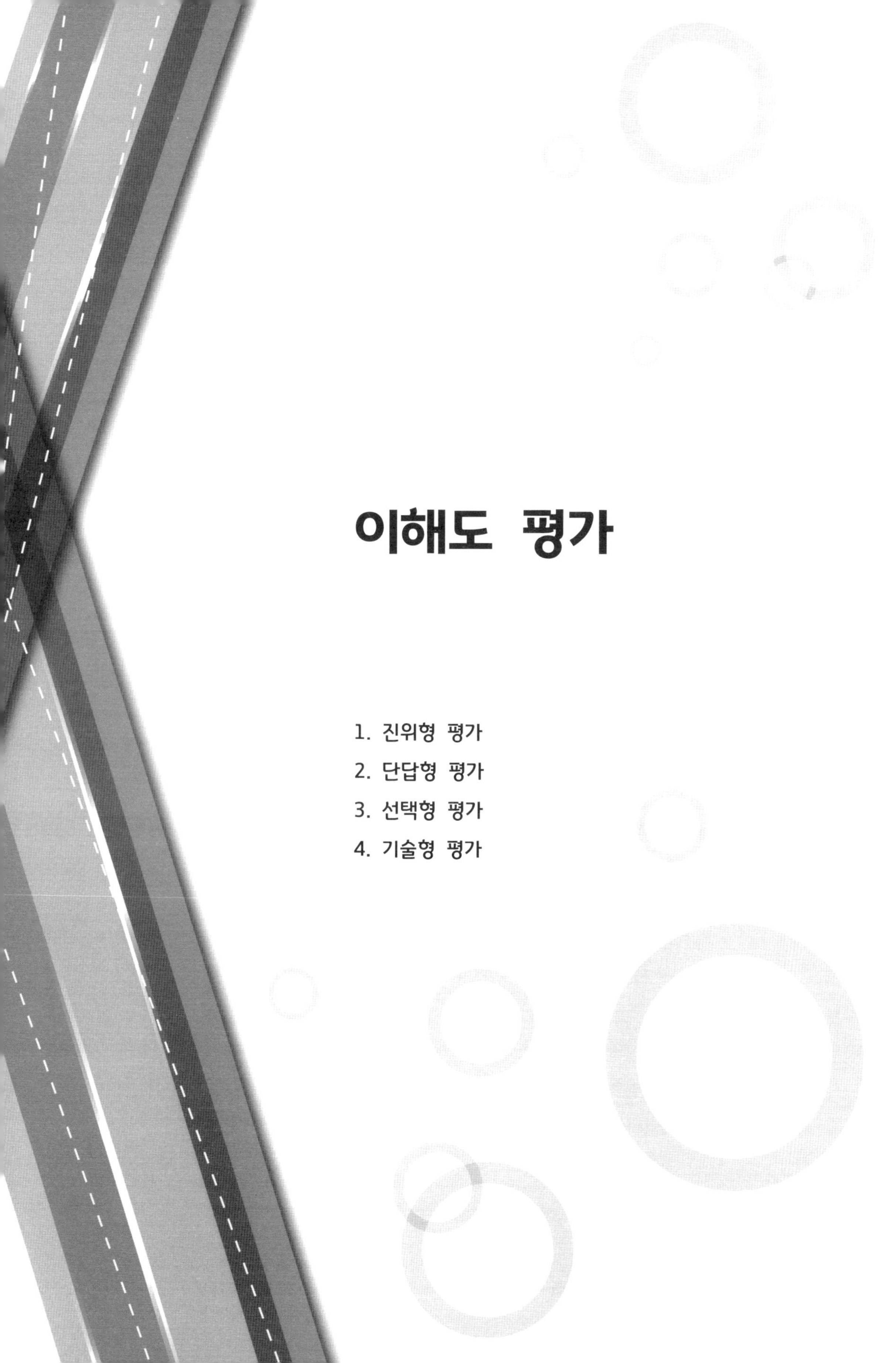

이해도 평가

1. 진위형 평가
2. 단답형 평가
3. 선택형 평가
4. 기술형 평가

1. 진위형 평가

1. 업무상 과실, 행정상 과오 또는 법령 위반 사실을 감추거나 보호 가치가 없는 정보의 공개를 통제할 목적으로 비밀이 아닌 사항을 비밀로 분류하여도 군사보안에 문제가 없다. ( )

2. 외국인에 대한 비밀취급 인가는 금지하나, 군 관련 업무수행을 위해 반드시 비밀 대출이 필요한 경우에는 보관책임관의 승인을 받아 업무 관련 취급기관 및 범위를 제한하여 열람이 가능하다. ( )

3. 각급부대의 규모와 기능, 특성 등의 노출방지를 위하여 3자리 숫자의 고유명칭을 사용한다. ( )

4. 비밀보관소의 출입문과 보관용기의 열쇠는 업무용과 비상용으로 구분하여 관리하여야 하며, 비상용 열쇠(번호키 번호 포함)는 당직실 내 봉인된 비상 열쇠함에 보관 관리하여야 한다. ( )

5. 군사통제구역으로 지정된 장소나 시설은 통제구역 표시를 해야 하며 화재주의의 표시 등 불필요한 부착물을 부착해서는 안 된다. ( )

6. 비밀원본의 이력카드는 생산부대에서, 비밀사본의 이력카드는 접수부대에서 작성하여 기록 · 유지하며, 해당비밀과 별도로 관리하여야 한다. ( )

7. 보관책임관 "정"이 교체될 때에는 업무 인수인계서에 비밀 소유현황(이관대기목록표 포함), 비밀보관 용기, 비밀관계서류 현황 및 개인번호 등을 포함하여야 한다. ( )

8. 정보통신망에 대한 감사내용을 공개하여, 타목적으로 사용할 수 없다. ( )

9. 통제구역 내에서 네트워크가 차단된 PC는 하드디스크를 이용하여 비밀작업 및 보관이 가능하지만 타인과 공동사용은 불가하다. ( )

10. 외부에서 전달되는 모든 전자우편은 각 개인이 컴퓨터 바이러스 점검 후 열람하여야 한다.( )

11. 휴대용 저장매체를 군 인터넷PC에 사용 시에는 부대장 승인 및 보안담당관(분임 보안담당관) 확인 하에 USB통제시스템 기능을 일시 중지할 수 있으며, 작업 대장(작업 일시, 저장매체 일련번호, 작업 내용 등 포함)을 유지하여야 한다. 필요 시 해당 업무를 병사가 수행할 수 없다. ( )

12. 비밀번호 주기적인 변경은 컴퓨터 매월 2회, 네트워크 장비 분기 1회 이상이다. ( )

13. 통제구역 및 비밀회의실 등 중요시설은 휴대폰 송·수신 통제장치 및 장비 보관함을 설치해야 한다. ( )

14. 보안업무는 업무담당자가 직접 수행하여야 하며, 보안사고가 발생할 경우에는 개인뿐이 책임지며 부서장은 확인·감독 책임이 없다.( )

15. 비밀바인더 내용을 최신화 하기 위하여 대체·추가·수정·파기 시에는 그 근거를 비밀이력카드에 기록, 유지한다. ( )

16. 장관급 장교가 지휘하는 부대의 장은 비밀안전지출 및 파기계획을 수립 후 보안예규에 명시해야 한다. (　)

17. 인원보안 자세는 비밀을 누설함을 불명예스럽게 여겨야 한다. (　)

18. 비밀이 누설될 경우, 국가 안전보장 및 국가 이익에 치명적인 위험을 초래할 것으로 명백히 인정되는 가치를 지닌 것을 대외비로 한다. (　)

19. 비밀이 누설될 경우, 국가 안전보장 및 국가 이익에 현저한 위험을 초래할 것으로 명백히 인정되는 가치를 지닌 것을 Ⅱ급 비밀로 한다. (　)

20. 비밀이 누설될 경우, 국가 안전보장 및 국가 이익에 상당한 위험을 초래할 것으로 명백히 인정되는 가치를 지닌 것을 Ⅰ급 비밀로 한다. (　)

21. 비밀 기안(초안)을 작성 시에는 비인가자 통제 등 보안대책을 강구하고 비밀로 분류하며, PC작업을 한다. (　)

22. 비밀 존안절차는 기안작성, 결재, 협조, 발송 순이다. (　)

23. 각급부대 장은 받은 자는 인가받은 등급 및 상위 등급의 비밀분류권을 가진다. (　)

24. 공휴일에 접수된 비밀은 다음날 등재한다. 다만, 모사전송으로 발송되는 비밀의 원본은 발송 후 등재한다. (　)

25. 비밀은 일반문서나 보안자재 등과 혼합, 보관할 수 없다. 다만, 일반문서를 해당 비밀과 분리하였을 때 업무수행 및 상호 확인이 곤란한 경우에 한하여 해당비밀과 혼합, 보관할 수 있다. (　)

Memo

2. 단답형 평가

※ 아래의 상황을 참조하여 문제 1번부터 3번까지 해결하시오.

0부대는 0월에 '전장병 인성함양 정신교육', '지휘검열', '대대급 과학화전투훈련' 등 상급부대로 일정을 모두 지정된 날짜에 수행하려고 한다.
이때 사이버 보안 진단의 날 행사를 시행해야 하는데 상급부대 일정과 중복되어 행사를 시행하기 어려워 일정을 조정 하려고 한다.

1. 사이버 · 보안진단의 날 행사 일정변경 시에는 편제상 장관급지휘관의 (   )을 얻고, (   )시 변경사항을 포함하여 보고한다.

2. 행사 당일 (   )으로서 사이버 · 보안진단의 날 행사여건 조성, 보안 일일 결산, 보안진단의 날 행사 및 보안교육 확인 · 감독의 임무를 수행해야 한다.

3. 악성코드 유입으로 피해 발생 시 피해 받은 장비들을 보존해야 하며, 임의로 (   )하거나 포맷해서는 안 된다.

4. 0중대 상사 백두산이 석사학위 취득을 위해 논문을 작성하고 있다. 논문 작성 후 학교로 제출 전 백두산이 사전 조치해야 하는 보안조치는 무엇인가? (   )

5. 부서장으로서 부서 내 부서원이 휴대용 저장매체에 다수의 비밀을 관리하고 있었으나 (   )를 기록 · 유지 하고 있지 않아 적발되었다.

6. 보안상 유해하거나 그 밖의 사회적 물의 야기 등의 문제점 해소를 위해 보안성 검토를 실시해야 한다. 보안성 검토 대상을 작성하시오.
   ① 홍보 및 보도자료
   ② (   )
   ③ 대외제공 · 설명 · 공개되는 자료
   ④ (   )

7. 보안벌점 누계가 (   ) 이내 6점 이상인 자의 비밀취급을 제한하기 위하여 보안심사위원회에 회부하여 비밀취급 인가 취소를 결정한다.

8. CD로 제작 배부된 비밀 중에 출력하지 않고 CD로 활용해야 하는 비밀에 대하여 수정 · 부분대체 · 추가 사유가 발생한 경우에는 비밀을 배부한 (   )에서 수정 · 부분대체 · 추가 내용이 반영된 비밀을 (   ) 로 신규 제작, 배부 한다.

9. 편의시설 상주 근무자는 (   ) 실시 후 출입증을 발급하고, 그 밖의 민간인에게 출입증을 발급할 경우에는 별도의 신원조사 없이 출입증을 발급한다.

10. 비밀은 (   )을 원칙으로 하여 부서단위 개인별로 구분 보관하며 필요시 (   ) 보관 할 수 있다.

11. 비밀원본의 (   ) 는 생산부대에서, 비밀사본의 (   ) 는 접수부대에서 작성하여 기록 · 유지한다.

12. 부대 훈련기간에 생산된 비밀원본은 (   )에 등재 · 활용하여 비밀 이관절차에 따라 이관하고, 접수한 (   )은 별도 등재 없이 훈련 종료 직전 파기 한다.

13. 비밀 실무자로 예고문이 부적절하다고 판단되어 예고문을 변경하려 한다. 그러나 (　　　)의 예고문은 (　　　)의 예고문 보다 길게 부여할 수 없다.

14. 경고 이상 처분을 받은 자가 1년 이내에 재 위반 사유가 발생하였을 경우는 경징계 1년 이내 (　　) 위반 하였을 경우에는 중징계 처리해야 한다.

15. 보안사고가 발생한 경우에는 위반자가 책임을 지며, 지휘관과 부서장 (전결권을 가진 팀 · 과장급 이상)은 (　　　　　) 및 확인 책임을 진다.

16. 보안의식 고취를 위해 시행하는 정신보안활동 중에는 (　　　　　　　　) 및 참모 서신 발행, 보안 (　　　　), 표어 공모 등 보안 경연대회, 보안규정 준수 생활화 '붐' 조성, 부서장 정신 보안교육 등이 있다.

17. 작전 및 훈련 목적으로 해당 비밀을 관리하는 실무자가 비밀을 지출할 경우 보관 책임관 '정'으로서 지출하는 비밀에 대한 (　　　) 및 휴대 여부를 확인해야 한다.

18. 보안사고 또는 보안벌점 누적으로 인한 비밀취급 인가 취소를 받은 자는 비밀취급 인가 취소를 받은 날로부터 (　　　　　) 경과 시 보안심사회의 심의 후 인가한다.

19. 정보시스템을 실제 운영하는 부서의 장이 정보시스템 (　　　　　　　　)가 되며 관리책임자는 정보시스템 관리대장에 PC, 서버, 프린터 등 전산장비 현황을 수기 또는 전자적으로 운용 · 관리하여야 한다.

※ 아래 상황을 참조하여 문제 20번과 문제 21번을 해결하시오.

중사 백두산은 학습활동을 위한 목적으로 개인소유 비인가 PC를 부대에 임의 반입하여 사용하고 있었다. 자체 보안진단 활동 간 부대 반입시 어떠한 보안조치도 실시하지 않은 것으로 확인되었다.

20. 개인소유 정보통신장비를 영내에 반입할 경우에는 (   )를 제출하여야 하며, (   )은 보안대책을 강구하여야 한다.

21. 개인소유의 정보통신장비는 (   ), 사진촬영 금지대상 시설 · 장비, 그 밖의 부대의 장이 지정한 장소에는 반입할 수 없다.

22. 비밀 저장용 USB가 훼손되어 사용이 불가하다는 것을 인지하여 후속조치를 실무자에게 지시할 때 조치사항을 다음 빈칸에 작성하시오.
    ① 저장매체가 훼손된 경우 (   )에게 보고
    ② 비밀이 저장된 저장매체의 분실 · 소각 사실을 통보받거나 인지한 때에는 지체 없이 저장된 비밀자료의 목록을 첨부하여 (   )에 통보하여야 한다.
    ③ 사용한 저장매체 파기 시에는 완전파기 한다.

23. PC의 공유기능이 필요한 경우에는 (   )에 한하여 (   )를 설정하여 운용할 수 있으나, 작업 후 즉시 공유를 해제하여야 한다.

24. 비밀회의시 해당실무자로 보안조치 사항으로 개인 정보통신장비 반입 차단, (   ), 회의 전 · 후 경고조치 등을 해야 한다.

25. 비밀회의 자료 생산 시 타 부서에서 종합부서로 제출한 자료는 (   )에 정상 등록 후 생산 완료시 삭선 조치한다.

26. PC사용자는 (   )이 발견되었을 시 피해를 최소화하기 위하여 감염된 PC를 네트워크에서 분리 및 사용 중지 후 침해사고 대응반과 방첩부대에 신고해야 한다.

27. 부대 (   )은 전역 · 퇴직 1개월 전 불시 보안점검을 통해 해당인원에 대한 비밀문서, 업무용 PC, 저장매체 등의 관리 실태를 확인한다.

28. 일반군사자료 공개 시 (   )로 지정된 공문서는 일반문서라도 대외에 임의로 공개할 수 없으며 대외에 공개할 때에는 공공기관의 정보 공개에 관한 법률에 정한 절차에 의한다.

29. (   )는 최초 비밀취급 인가를 받은 후 (   )년 주기로 신원조사를 실시하여 인사명령으로 인가한다.

30. 출입증 제작 시에는 (   )을 포함하고, 부대 내 출입 가능한 지역을 구분할 수 있도록 색상, 도안 등을 상이하게 제작한다.

31. (   )는 (   )을 금지하며, 국방업무용 PC를 인터넷 PC로 전환하여 사용할 때에는 하드디스크를 완전삭제 한다.

32. (   )은 정신보안교육과 보안실무교육으로 구분하고, 사이버 · 보안진단의 날 등을 활용하여 월 2시간 이상 실시하여야 하며, 그 실적은 부대 업무일지 등에 기록, 유지하여야 한다.

Memo

3. 선택형 평가

1. 부대원의 보안위반 사실을 알았을 때 신고해야 할 사람은 누구인가? ( )

   가. 운영지원관 나. 정보책임관 다. 보안담당관 라. 부서장

2. 보안사고 발생 시 보고해야 할 계통은 어디인가? ( )

   가. 참모계통 나. 지휘계통 라. 상황계통 마. 작전계통

3. 장관급 장교가 지휘하는 부대의 장이 부대 특성에 따라 구체화 할 사항에 대해서 훈련에 어긋나지 않는 범위 내에서 조치해야 할 사항을 모두 고르시오. ( )

   가. 부대 보안예규 작성
   나. 지역민 소집 교육
   다. 비밀회의시 보안대책
   라. 인트라넷 보안대책

4. 비밀의 분류기준으로 <u>잘못</u> 설명된 것은 무엇인가? ( )

   가. 누설될 경우 국가 안전보장 및 국가이익에 현저한 위험을 초래할 것으로 인정되는 가치를 지닌 군사비밀은 Ⅱ급 비밀로 한다.
   나. 비밀은 그 자체의 내용과 가치의 정도에 따라 분류하여야 하며, 타 비밀과 관련하여 분류하여서는 아니 된다.
   다. 암호자재 및 암호장비는 Ⅱ급 비밀로, 약호자재는 Ⅲ급 비밀로 분류하여야 한다.
   라. 장관급 장교 및 그와 동등한 직위자가 지휘하는 부대의 장은 자체 비밀세부분류기준을 정하여야 한다.

5. 업무용 컴퓨터 사용 시 비밀번호 운용 간 잘못된 사항을 모두 고르시오 ( )
   가. 비밀번호는 매월 2회 이상 지휘통제실에서 자동 변경
   나. 인가된 인원을 확인하는 취급자용 3차 암호 부여
   다. 화면보호기 작동시간은 5분 이내로 설정
   라. 부팅용 암호는 CMOS에서 지정

6. 00부대장은 보안담당관을 보좌하기 위해 정보통신 분임보안담당관을 임명하여 운용중이다. 이 사람이 수행하여야 할 정보통신 보안업무가 아닌 것은? ( )
   가. 정보통신보안대책 및 설비·제원 보호
   나. 정보시스템 자료 보호
   다. 정보보호시스템 보안관리
   라. 개인용 스마트폰 보안성 검토

7. 비밀 합동보관소 관리책임관의 임무가 아닌 것은? ( )
   가. 출입자 통제 확인
   나. 도난, 손괴 및 기타 사고방지를 위한 경계
   다. 합동보관소 보관용기 현황 파악
   라. 비밀취급 인가자 현황 유지

8. 비밀 결재권자가 결재 시 확인할 사항이 아닌 것은? ( )
   가. 비밀등급
   나. 비취인가 여부
   다. 보호기간
   라. 전시 임무수행 필요성

9. 상용FAX 설치 · 운용에 대한 설명으로 맞지 않는 것은? (   )

가. 공개 또는 비공개로 분류된 평문자료의 경우 송신 가능

나. 상용FAX를 이용하여 자료 송신 시 결재권자 또는 부서장의 보안성검토를 받은 후 송신

다. 대외기관 및 군 FAX가 미설치된 부대 간에 일반문서 송신 시 사용

라. 군부대 간에는 암호장비가 부착된 군전용 FAX를 이용

10. 비공개 업무자료 설명 중 바르지 않은 것을 모두 고르시오? (   )

가. 비공개 업무자료 생산 시 비공개 표기

나. 영외반출시 실무자가 반출 가능

다. 군 외부 제공시 SNS 게재 가능

라. 일과이후 관리 시 잠금 장치된 일반 서류함에 보관

11. 회의 자료 생산 및 관리와 거리가 먼 것은 무엇인가? (   )

가. 사본번호 부여

나. 종료와 동시 회수

다. 참석자 인적사항 원본에 부착

라. 원본 비밀이력카드에 사본부수 기록

12. 비밀 발간 시 민간시설을 이용한 절차가 아닌 것을 모두 고르시오? (   )

가. 원본은 발간업체에서 보관

나. 비밀 발간 업체로 지정된 업체 선정

다. 발간 승인서에 의해 관리책임관이 승인

라. 생산부서 소속인원을 감독관으로 파견/보안조치

1. 단답형 답안

1. ×
2. ×
3. ×
4. ×
5. ○
6. ×
7. ○
8. ○
9. ○
10. ○
11. ○
12. ×
13. ○
14. ×
15. ○
16. ○
17. ×
18. ×
19. ○
20. ×
21. ○
22. ×
23. ×
24. ○
25. ○

2. 단답형 답안

1. 사전승인, 결과보고
2. 부서장
3. 삭제
4. 보안성 검토의뢰
5. 비밀자료 목록표
6. 취재계획 및 자료, 장병 대외활동자료
7. 3년
8. 생산부대, CD
9. 신원조사
10. 분산 보관, 합동
11. 이력카드, 이력카드
12. 훈련용 비밀관리기록부, 비밀사본
13. 사본 , 원본
14. 2회
15. 지휘감독
16. 보안 지휘서신, 포스터
17. 목록표 작성
18. 3개월 이상
19. 관리책임자
20. 보안서약서, 각급부대의 장
21. 군사통제구역
22. 보안담당관, 방첩부대
23. 일반자료, 비밀번호
24. 불필요 인원 참석 차단
25. 접수용 비밀관리기록부
26. 바이러스
27. 보안담당관
28. 비공개
29. Ⅱ · Ⅲ급 비취인가자, 5
30 위 · 변조 방지 기능
31. 국방업무용PC, 인터넷 연결
32. 보안교육

3. 선택형 답안

1. 다
2. 나
3. 가, 다, 라
4. 다
5. 가, 나
6. 라
7. 라
8. 나
9. 가
10. 나, 다
11. 다
12. 가, 다

4. 기술형 평가

1. 정신보안이란 장병들의 보안의식 수준을 제고시켜 보안 사고를 예방하는 등 완벽한 군사보안태세 확립을 위한 제반 대책과 활동을 말한다. 보관책임관으로서 정신보안 자세 및 정신보안 활동에 대해서 기술하시오.

2. 사례를 보고 규정 및 지침에 어긋난 사항과 올바른 절차를 작성하시오.

> 대위 지리산은 석사 학위 취득을 위해 '00000 관리 방안'이라는 제목으로 논문을 작성하고 있었다. 논문 작성간 집에서 작성할 시간과 여건이 제한되어 논문작성을 위한 본인 노트북을 부대로 반입하여 논문을 작성하였다.
> 또한 군 생활간 모아놓은 업무관련 자료를 참고하여 논문에 일부 내용을 포함하였고 별도의 보고 없이 학교에 제출하여 학위를 취득하였다.

3. 보기에서 '보안담당관'과 '보관책임관' 임무를 구분하여 기술하시오.

- 비밀의 보관, 지출, 대출 및 파기에 관한 사항
- 비밀보유 및 비밀취급 인가자 현황 유지
- 보안업무에 관한 지도 · 감독
- 보안 일일결산, 보안진단의 날 행사 및 보안교육 확인 · 감독
- 보안감사(점검), 보안조치, 보안성 검토에 관한 업무
- 보안교육에 관한 사항
- 비밀취급 인가 및 취소에 관한 업무
- 비밀분산보관소 관리에 대한 확인 · 감독
- 비밀과 관련된 서류의 보관 관리
- 군사기밀 유출 및 보안사고의 조치
- 일일보안 이행상태 확인/감독
- 비밀의 누설, 도난, 분실 및 그 밖의 손괴방지를 위한 사항
- 비밀 소유현황(저장매체 포함) 조사 및 재분류 검토 사항
- 부대 및 기관 보안활동 세부계획 작성, 성과분석 및 시행에 관한 사항
- 보안규정 또는 보안예규의 작성
- 비밀의 안전지출 및 파기계획 수립과 훈련에 관한 사항
- 군사보안시설 및 보호장비 관리에 관한 사항

o 보안담당관 임무

o 보관책임관 임무

4. 아래의 사항에 알맞은 답을 기술하시오.

대위 지리산은 참모로 보직되어 보안담당관 직책을 맡아 부서 보안을 책임지고 수행하고 있다.
지난 주 상급부대 명령에 의해 타부대로 이동 명령을 받아 수행하던 업무 관련 자료를 정리 및 인수 · 인계를 준비하고 있다.

o 부서 보안담당관으로서 인수 · 인계서에 포함 할 내용과 절차를 기술하시오.

5. 아래의 사항을 참고하여 보안위반 사항 및 지도해줘야 할 사항을 기술하시오.

00부대 하사 가리산은 업무참고 목적으로 전투규칙(Ⅲ급)을 비밀표시 없이 1부를 복사하여 본인의 '업무참고 바인더'에 합철 보관하여 사용 중 보안점검간 점검관에게 적발되었다. 확인결과 전투규칙 비밀은 별도의 보안행정 절차는 없었다.

6. 다음 상황을 이해하고 질문에 답하시오.

상사 백두산은 부대 보안담당관으로 임무수행 중에 있다.
00과는 대위 지리산이 같은 과 중사 2명이 복무기간을 마치고 전역을 1개월 앞두고 있어 전역 전 군사보안 관련 조치를 어떻게 해야 하는지 문의하였다.

o 위 상황과 관련하여 보안담당관으로서 대위 지리산에게 전역 간부에 대해 군사보안 관련 조치 및 지도해야 할 사항을 기술하시오.

4. 기술형 답안 

<table>
<tr><td>1번</td><td>
1. 정신보안 자세
가. 군사보안은 우리 군이 안보전문 집단으로서 절대적으로 지켜야 할 소명임을 항상 명심하여야 한다.
나. 우리 군과 국가 존립에 막대한 영향을 미칠 수 있는 군사비밀은 생명과 같이 지켜야 한다.
다. 비밀보호를 생활화하고 비밀을 누설함을 불명예스럽게 여겨야 한다.
라. 업무상 필요한 비밀 외에는 일절 알려고 하지 말아야 한다.
마. 제반 보안규정을 솔선수범하여 준수하여야 한다.

2. 정신보안 활동
가. 각급부대의 장은 장병 보안의식 고취를 위하여 부대 실정에 부합된 정신보안활동 계획을 수립하여 주기적으로 시행하여야 한다.
1. 보안 지휘서신 및 참모 서신 발행
2. 보안 포스터 · 표어 공모 등 보안 경연대회 개최 또는 각군(기관)홈페이지 내 창작물 응모
3. 보안규정 준수 생활화 '붐' 조성
4. 지휘관(부서장) 정신 보안교육 등
나. 간부 및 관리자는 보안 솔선수범을 통해 예하 장병(직원)들을 계도하고, 지속적으로 보안지도를 하여야 한다.
다. 보안사고 및 보안위반자는 처벌규정에 의거 반드시 조치하고 보안업무를 향상 시킨 유공자는 포상하여 장병들이 능동적으로 보안의식을 향상시키도록 유도하여야 한다.
라. 정신보안교육을 정기 및 수시로 반복 실시하여 장병들이 보안자세를 확립하도록 하여야 한다.
</td></tr>
<tr><td>2번</td><td>
가. 개인 소유의 컴퓨터 영내 무단 반입 : 훈령 제144조(컴퓨터 및 주변장치반입 · 반출)에 의거 개인 소유의 컴퓨터 및 주변장치(저장매체 포함)는 부대에 반입하거나 국방업무에 사용 금지

나. 보직 이동 간 군사자료 영외 무단 반출 : 훈령 제201조(보안성 검토)에 의거 영외로 반출되는 자료는 각급부대(서)장의 보안성 검토를 받아야 한다.

다. 군사자료가 포함된 논문 외부 제출 간 보안성 검토 미실시 : 보안성 검토에 의거 보안상 유해하거나 그 밖의 사회적 물의 야기 등의 문제점을 해소하기 위하여 논문을 포함한 장병 대외활동자료(대담자료, 기고문, 인터넷, 창작품 등)는 각급부대(서)장의 보안성 검토를 받아야 한다.
</td></tr>
</table>

4. 기술형 답안 

3번

o 보안담당관 임무

1. 부대 및 기관 보안활동 세부계획 작성, 성과분석 및 시행에 관한 사항
2. 보안교육에 관한 사항
3. 비밀보관소(합동 · 분산) 운용에 관한 사항
4. 비밀취급 인가 및 취소에 관한 업무
5. 보안감사(점검), 보안조치, 보안성 검토에 관한 업무
6. 군사기밀 유출 및 보안사고의 조치
7. 일일보안 이행상태 확인/감독
8. 비밀보유 및 비밀취급 인가자 현황 유지
9. 보안규정 또는 보안예규의 작성
10. 비밀의 안전지출 및 파기계획 수립과 훈련에 관한 사항
11. 군사보안시설 및 보호장비 관리에 관한 사항

o 보관책임관 임무

1. 보안업무에 관한 지도 · 감독
2. 보안 일일결산, 보안진단이 날 행사 및 보안교육 확인 · 감독
3. 비밀분산보관소 관리에 대한 확인 · 감독
4. 비밀의 보관, 지출, 대출 및 파기에 관한 사항
5. 비밀의 누설, 도난, 분실 및 그 밖의 손괴방지를 위한 사항
6. 비밀 소유현황(저장매체 포함) 조사 및 재분류 검토 사항
7. 비밀과 관련된 서류의 보관 관리

4번

가. 인수 · 인계서 작성 후 부대장 보고 및 서명: 훈령 제75조(보안담당관의 교체)에 의거 보안담당관 교체될 때에는 소관업무에 대하여 인수 · 인계서를 작성하여 부대장에게 보고하고 확인 서명을 받음

나. 인수 · 인계서 작성 시 다음 사항을 포함 : 훈령 제75조(보안담당관의 교체) 에 의거 보암담당관 교체 시 아래의 내용을 포함하여 작성

1. 비밀소유 및 비밀취급 인가자 현황

부서별 / 구 분	비밀현황				비밀취급 인가자 현황				비고
	Ⅰ급	Ⅱ급	Ⅲ급	계	Ⅰ급	Ⅱ급	Ⅲ급	계	

2. 비밀 이관대기 현황(목록표)
3. 부대 보안활동 및 진행 계획
4. 최근 보안감사 현황(지적 및 시정사항)
5. 안전지출 및 파기계획
6. 부대 출입 민간인 현황
7. 그 밖의 필요사항

4. 기술형 답안 

5번	가. 자신이 관리하는 비밀을 업무참고 등 한시적 목적으로 복사할 경우 업무 종료 즉시 파기해야 하며 비밀문건의 비밀이력카드에 근거를 기록해야 하나 미실시 나. 또한, 비밀에 대한 보호조치로 비밀표시를 해야 함에도 고의적으로 비밀 표시를 삭제하고 일반 군사자료와 합철 보관 등 비밀 보호조치 및 관리 소홀 다. 한시적 목적으로 사용할 경우 업무종료 즉시 파기토록 강조 라. 업무참고 목적으로 지속적인 보관이 필요한 경우 보관책임관 정의 승인을 받아 비밀 바인더를 생산하여 해당 비밀 삽입 후 목록표 유지 하 보관토록 유도 마. 또한, 원문 전체를 복사하여 삽입하는 경우에 해당됨으로 원문 비밀의 비밀이력카드에 근거를 기록 후 삽입하여 활용토록 하고, 원문 전체를 복사 시 원문 비밀이력카드에 근거 기록 후 활용토록 지도
6번	가. 비밀을 포함한 군사자료 정리기간 부여 나. 보안점검 및 보안교육 실시 1. 보안담당관은 전역 · 퇴직 1개월 전 불시보안점검을 통해 비밀문서, 업무용 PC, 저장매체 등의 관리실태 확인 2. 해당부대 보안담당관은 전역 · 퇴직 1주일 전 비밀누설 금지 등을 포함하는 보안교육 및 보안서약서 집행 후 비밀 인수인계 실태 확인 다. 정보체계 계정 삭제 라. 비밀취급 인가증 및 부대 출입증 반납

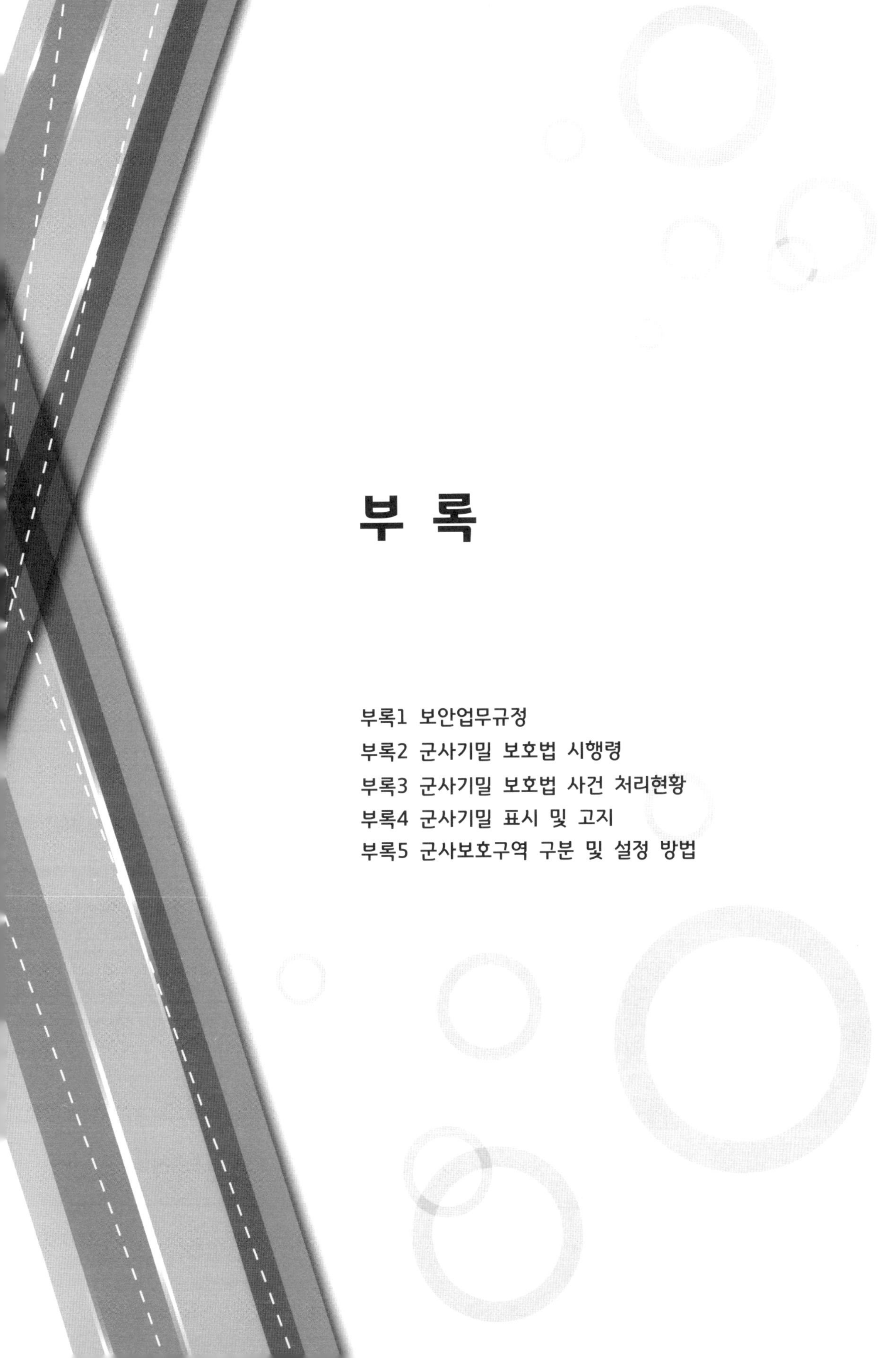

부 록

부록1 보안업무규정

부록2 군사기밀 보호법 시행령

부록3 군사기밀 보호법 사건 처리현황

부록4 군사기밀 표시 및 고지

부록5 군사보호구역 구분 및 설정 방법

부록1

보안업무규정
(대통령령 제31354호)

제1조 (목적)

이 영은 「국가정보원법」 제4조에 따라 국가정보원장의 직무 중 보안업무 수행에 필요한 사항을 규정함을 목적으로 한다.

제2조 (정의)

이 영에서 사용하는 용어의 뜻은 다음과 같다.
〈개정 2020.1.14, 2020.7.14〉

1. "비밀"이란 국가정보원법에 따른 국가 기밀로서 이 영에 따라 비밀로 분류된 것을 말한다.

2. "각급기관"이란 「대한민국헌법」, 「정부조직법」 또는 그 밖의 법령에 따라 설치된 국가기관(군기관 및 교육기관을 포함한다)과 지방자치단체 및 「공공기록물 관리에 관한 법률 시행령」 제3조에 따른 공공기관을 말한다.

3. "중앙행정기관"이란 「정부조직법」 제2조제2항에 따른 부 · 처 · 청(이에 준하는 위원회를 포함한다)과 대통령 소속 · 보좌 · 경호기관, 국무총리 보좌기관 및 고위공직자 범죄 수사처를 말한다.

4. "암호자재"란 비밀의 보호 및 정보통신 보안을 위하여 암호기술이 적용된 장치나 수단으로서 Ⅰ급, Ⅱ급 및 Ⅲ급 비밀 소통용 암호자재로 구분되는 장치나 수단을 말한다.

제3조 (보안책임)

국가안전보장에 관련되는 인원·문서·자재·시설 및 지역을 관리하는 사람과 관계 기관의 장은 관리 대상에 대하여 보안책임을 진다.

제3조의2 (보안 기본정책 수립 등)

국가정보원장은 보안 업무와 관련하여 다음 각 호의 업무를 수행한다. 〈개정 2020.1.14〉

1. 보안 업무와 관련된 기본정책의 수립 및 제도의 개선
2. 보안 업무 수행 기법의 연구·보급 및 표준화
3. 전자적 방법에 의한 보안 업무 관련 기술개발 및 보급
4. 각급기관의 보안 업무가 제1호부터 제3호까지의 사항에 따라 적절하게 수행되는지 여부의 확인 및 그 결과의 분석·평가
5. 38조 각 호의 어느 하나에 해당하는 사고의 예방 등을 위한 업무
6. 그 밖에 대도청점검, 보안교육, 컨설팅 등 보안 업무 지원

제3조의3 (보안심사위원회)

① 중앙행정기관에 비밀의 공개 등 해당 기관의 보안 업무 수행에 관한 중요 사항을 심의하기 위하여 보안심사위원회를 둔다. 〈개정 2020.1.14〉

② 제1항에 따른 보안심사위원회의 구성·운영 등에 필요한 세부사항은 국가정보원장이 정한다. 제2장 비밀보호 〈신설 2020.1.14〉

제4조 (비밀의 구분)

비밀은 그 중요성과 가치의 정도에 따라 다음 각 호와 같이 구분한다.

1. Ⅰ급 비밀: 누설될 경우 대한민국과 외교관계가 단절되고 전쟁을 일으키며, 국가의 방위계획 · 정보활동 및 국가방위에 반드시 필요한 과학과 기술의 개발을 위태롭게 하는 등의 우려가 있는 비밀

2. Ⅱ급 비밀: 누설될 경우 국가안전보장에 막대한 지장을 끼칠 우려가 있는 비밀

3. Ⅲ급 비밀: 누설될 경우 국가안전보장에 해를 끼칠 우려가 있는 비밀

제5조 (비밀의 보호와 관리 원칙)

각급기관의 장은 비밀의 작성 · 분류 · 취급 · 유통 및 이관 등의 모든 과정에서 비밀이 누설되거나 유출되지 아니하도록 보안대책을 수립하여 시행하여야 한다. 이 경우 비밀의 제목 등 해당 비밀의 내용을 유추할 수 있는 정보가 포함된 자료는 공개하지 않는다. 〈개정 2020.1.14〉 제6조

제7조 (암호자재 제작 · 공급 및 반납)

① 국가정보원장은 암호자재를 제작하여 필요한 기관에 공급한다. 다만, 국가정보원장이 필요하다고 인정하는 암호자재의 경우 그 암호자재를 사용하는 기관은 국가정보원장이 인가하는 암호체계의 범위에서 암호자재를 제작할 수 있다. 〈개정 2020.1.14〉

② 암호자재를 사용하는 기관의 장은 사용기간이 끝난 암호자재를 지체 없이 그 제작기관의 장에게 반납하여야 한다.

③ 국가정보원장은 암호자재 제작 등 암호자재와 관련된 기술을 확보하기 위하여 「과학기술분야 정부출연연구기관 등의 설립·운영 및 육성에 관한 법률」 제8조 제1항에 따라 설립된 정부출연연구기관으로 하여금 관련 연구개발 및 기술지원을 수행하게 할 수 있다. 〈신설 2020.1.14〉

제8조 (비밀·암호자재의 취급)

비밀은 해당 등급의 비밀취급 인가를 받은 사람만 취급할 수 있으며, 암호자재는 해당 등급의 비밀 소통용 암호자재취급 인가를 받은 사람만 취급할 수 있다. 〈개정 2020.1.14〉

제9조 (비밀·암호자재취급 인가권자)

① Ⅰ급 비밀 취급 인가권자와 Ⅰ급 및 Ⅱ급 비밀 소통용 암호자재 취급 인가권자는 다음 각 호와 같다. 〈개정 2017.7.26, 2018.12.4, 2020.1.14, 2020.7.14, 2020.8.4〉

1. 대통령
2. 국무총리
3. 감사원장
4. 국가인권위원회 위원장

4의2. 고위공직자범죄수사처장

5. 각 부·처의 장
6. 국무조정실장, 방송통신위원회 위원장, 공정거래위원회 위원장, 금융위원회 위원장, 국민권익위원회 위원장, 개인정보 보호위원회 위원장 및 원자력안전위원회 위원장
7. 대통령 비서실장
8. 국가안보실장

9. 대통령경호처장
10. 국가정보원장
11. 검찰총장
12. 합동참모의장, 각 군 참모총장, 지상작전사령관 및 육군 제2작전사령관
13. 국방부장관이 지정하는 각 군 부대장

② Ⅱ급 및 Ⅲ급 비밀 취급 인가권자와 Ⅲ급 비밀 소통용 암호자재 취급 인가권자는 다음 각 호와 같다.

1. 제1항 각 호의 사람
2. 중앙행정기관인 청의 장
3. 지방자치단체의 장
4. 특별시 · 광역시 · 도 및 특별자치 시 · 특별자치도의 교육감
5. 제1호부터 제4호까지의 사람이 지정한 기관의 장

제10조 (비밀 · 암호자재취급의 인가 및 인가해제)

① 비밀취급 인가권자는 비밀을 취급하거나 비밀에 접근할 사람에게 해당 등급의 비밀취급을 인가하고, 필요한 경우에는 인가 등급을 변경한다.

② 비밀취급 인가는 인가 대상자의 직책에 따라 필요한 최소한의 인원으로 제한하여야 한다.

③ 비밀취급 인가를 받은 사람이 다음 각 호의 어느 하나에 해당하는 경우에는 그 인가를 해제하여야 한다. 〈개정 2020.1.14〉

1. 고의 또는 중대한 과실로 제38조 각 호의 어느 하나에 해당하는 사고(이하 "보안사고"라 한다)를 저질렀거나 이 영을 위반하여 보안업무에 지장을 주는 경우
2. 비밀취급이 불필요하게 되었을 경우

④ 암호자재취급 인가권자는 비밀취급 인가를 받은 사람 중에서 암호자재취급이 필요한 사람에게 해당 등급의 비밀 소통용 암호자재취급을 인가하고, 필요한 경우에는 인가 등급을 변경한다. 이 경우 암호자재취급 인가 등급은 비밀취급 인가 등급보다 높을 수 없다. 〈신설 2020.1.14〉

⑤ 암호자재취급 인가를 받은 사람이 다음 각 호의 어느 하나에 해당하는 경우에는 그 인가를 해제해야 한다. 〈신설 2020.1.14〉

1. 비밀취급 인가가 해제되었을 경우
2. 암호자재와 관련하여 보안사고를 저질렀거나 이 영을 위반하여 보안 업무에 지장을 주는 경우
3. 암호자재의 취급이 불필요하게 되었을 경우

⑥ 비밀취급 및 암호자재취급의 인가와 인가 등급의 변경 및 인가 해제는 문서로 하여야 하며, 직원의 인사기록사항에 그 사실을 포함하여야 한다. 〈개정 2020.1.14〉

제11조 (비밀의 분류)

① 비밀취급 인가를 받은 사람은 인가받은 비밀 및 그 이하 등급 비밀의 분류권을 가진다.

② 같은 등급 이상의 비밀취급 인가를 받은 사람 중 직속 상급직위에 있는 사람은 그 하급직위에 있는 사람이 분류한 비밀등급을 조정할 수 있다.

③ 비밀을 생산하거나 관리하는 사람은 비밀의 작성을 완료하거나 비밀을 접수하는 즉시 그 비밀을 분류하거나 재분류할 책임이 있다. 〈개정 2020.1.14〉

제12조 (분류원칙)

① 비밀은 적절히 보호할 수 있는 최저등급으로 분류하되, 과도하거나 과소하게 분류해서는 아니 된다.

② 비밀은 그 자체의 내용과 가치의 정도에 따라 분류하여야 하며, 다른 비밀과 관련하여 분류해서는 아니 된다.

③ 외국 정부나 국제기구로부터 접수한 비밀은 그 생산기관이 필요로 하는 정도로 보호할 수 있도록 분류하여야 한다.

제13조 (분류지침)

각급기관의 장은 비밀 분류를 통일성 있고 적절하게 하기 위하여 세부 분류지침을 작성하여 시행하여야 한다. 이 경우 세부 분류지침은 공개하지 않는다. 〈개정 2020.1.14〉

제14조 (예고문)

제12조에 따라 분류된 비밀에는 「공공기록물 관리에 관한 법률」 제33조제1항에 따른 비밀 보호기간 및 보존기간을 명시하기 위하여 예고문을 기재하여야 한다.

제15조 (재분류 등)

① 비밀을 효율적으로 보호하기 위하여 비밀등급 또는 예고문 변경 등의 재분류를 한다.

② 비밀의 재분류는 그 비밀의 예고문에 따르거나 생산자의 직권으로 한다. 다만, 다음 각 호의 어느 하나에 해당하는 경우에는 예고문의 비밀 보호기간 및 보존기간과 관계없이 비밀을 파기할 수 있다.

1. 전시 · 천재지변 등 긴급하고 부득이한 사정으로 비밀을 계속 보관할 수 없거나 안전하게 반출할 수 없는 경우

2. 국가정보원장의 요청이 있는 경우

3. 비밀 재분류를 통하여 예고문에 따른 파기 시기까지 계속 보관할 필요가 없게 된 경우로서 해당 비밀취급 인가권자의 사전 승인을 받은 경우

③ 외국 정부나 국제기구로부터 접수된 비밀 중 예고문이 없거나 기재된 예고문이 비밀 관리에 적당하지 아니하다고 인정되는 경우에는 접수한 기관의 장이 그 비밀을 최대한 보호할 수 있는 범위에서 재분류할 수 있다.

第16조 (표시)

비밀은 그 취급자 또는 관리자에게 경고하고 비밀취급 인가를 받지 아니한 사람의 접근을 방지하기 위하여 분류(재분류를 포함한다. 이하 같다)와 동시에 등급에 따라 구분된 표시를 하여야 한다.

第17조 (비밀의 접수 · 발송)

① 비밀을 접수하거나 발송할 때에는 그 비밀을 최대한 보호할 수 있는 방법을 이용하여야 한다.

② 비밀은 암호화되지 아니한 상태로 정보통신 수단을 이용하여 접수하거나 발송해서는 아니 된다. 〈개정 2020.1.14〉

③ 모든 비밀을 접수하거나 발송할 때에는 그 사실을 확인하기 위하여 접수증을 사용한다.

第18조 (보관)

비밀은 도난 · 유출 · 화재 또는 파괴로부터 보호하고 비밀취급인가를 받지 아니한 사람의 접근을 방지할 수 있는 적절한 시설에 보관하여야 한다.

第19조 (출장 중의 비밀 보관)

비밀을 휴대하고 출장 중인 사람은 비밀을 안전하게 보호하기 위하여 국내 경찰기관 또는 재외공관에 보관을 위탁할 수 있으며, 위탁받은 기관은 그 비밀을 보관하여야 한다.

第20조 (보관책임자)

각급기관의 장은 소속 직원 중에서 이 영에 따른 비밀 보관 업무를 수행할 보관책임자를 임명하여야 한다.

제21조 (비밀의 전자적 관리)

① 각급기관의 장은 전자적 방법을 사용하여 비밀을 관리할 수 있으며, 이를 위하여 전자적 비밀관리시스템을 구축·운영할 수 있다. 〈개정 2020.1.14〉

② 각급기관의 장은 제1항에 따라 비밀을 관리할 경우 국가정보원장이 안전성을 확인한 암호자재를 사용하여 비밀의 위조·변조·훼손 및 유출 등을 방지하기 위한 보안대책을 마련하여 시행하여야 한다.

③ 국가정보원장은 관리하는 비밀이 적은 각급기관이 공동으로 활용할 수 있도록 통합 비밀관리시스템을 구축·운영할 수 있다. 〈신설 2020.1.14〉

제22조 (비밀관리기록부)

① 각급기관의 장은 비밀의 작성·분류·접수·발송 및 취급 등에 필요한 모든 관리사항을 기록하기 위하여 비밀관리기록부를 작성하여 갖추어 두어야 한다. 다만, Ⅰ급 비밀관리기록부는 따로 작성하여 갖추어 두어야 하며, 암호자재는 암호자재 관리기록부로 관리한다.

② 비밀관리기록부와 암호자재 관리기록부에는 모든 비밀과 암호자재에 대한 보안책임 및 보안관리 사항이 정확히 기록·보존되어야 한다.

제23조 (비밀의 복제·복사 제한)

① 비밀의 일부 또는 전부나 암호자재에 대해서는 모사 (모사)·타자(타자)·인쇄·조각·녹음·촬영·인화(인화)·확대 등 그 원형을 재현(재현)하는 행위를 할 수 없다. 다만, 다음 각 호의 구분에 따른 비밀의 경우에는 그러하지 아니하다.

1. Ⅰ급 비밀: 그 생산자의 허가를 받은 경우

2. Ⅱ급 비밀 및 Ⅲ급 비밀: 그 생산자가 특정한 제한을 하지 아니한 것으로서 해당 등급의 비밀취급 인가를 받은 사람이 공용(공용)으로 사용하는 경우

3. 전자적 방법으로 관리되는 비밀: 해당 비밀을 보관하기 위한 용도인 경우

② 각급기관의 장은 보안 업무의 효율적인 수행을 위하여 필요하다고 인정되는 경우에는 해당 비밀의 보존기간 내에서 제1항 단서에 따라 그 사본을 제작하여 보관할 수 있다.

③ 제2항에 따라 비밀의 사본을 보관할 때에는 그 예고문이나 비밀등급을 변경해서는 아니 된다. 다만, 「공공기록물 관리에 관한 법률 시행령」 제68조제6항에 따라 비밀을 재분류하는 경우에는 그러하지 아니하다.

④ 비밀을 복제하거나 복사한 경우에는 그 원본과 동일한 비밀등급과 예고문을 기재하고, 사본 번호를 매겨야 한다.

⑤ 제4항에 따른 예고문에 재분류 구분이 "파기"로 되어 있을 때에는 파기 시기를 원본의 보호기간보다 앞당길 수 있다.
〈개정 2020.1.14〉

제24조 (비밀의 열람)

① 비밀은 해당 등급의 비밀취급 인가를 받은 사람 중 그 비밀과 업무상 직접 관계가 있는 사람만 열람할 수 있다.

② 비밀취급 인가를 받지 아니한 사람에게 비밀을 열람하거나 취급하게 할 때에는 국가정보원장이 정하는 바에 따라 소속 기관의 장(비밀이 군사와 관련된 사항인 경우에는 국방부장관)이 미리 열람자의 인적사항과 열람하려는 비밀의 내용 등을 확인하고 열람 시 비밀 보호에 필요한 자체 보안대책을 마련하는 등의 보안조치를 하여야 한다. 다만, Ⅰ급 비밀의 보안조치에 관하여는 국가정보원장과 미리 협의하여야 한다.

제25조 (비밀의 공개)

① 중앙행정기관의 장은 다음 각 호의 어느 하나에 해당하는 사유가 있을 때에는 그가 생산한 비밀을 제3조의3에 따른 보안심사위원회의 심의를 거쳐 공개할 수 있다. 다만, Ⅰ급 비밀의 공개에 관하여는 국가정보원장과 미리 협의하여야 한다. 〈개정 2020.1.14〉

1. 국가안전보장을 위하여 국민에게 긴급히 알려야 할 필요가 있다고 판단될 때
2. 공개함으로써 국가안전보장 또는 국가이익에 현저한 도움이 된다고 판단될 때

② 공무원 또는 공무원이었던 사람은 법률에서 정하는 경우를 제외하고는 소속 기관의 장이나 소속되었던 기관의 장의 승인 없이 비밀을 공개해서는 아니 된다. 제26조

제27조 (비밀의 반출)

비밀은 보관하고 있는 시설 밖으로 반출해서는 아니 된다. 다만, 공무상 반출이 필요할 때에는 소속 기관의 장의 승인을 받아야 한다.

제28조 (안전 반출 및 파기 계획)

각급기관의 장은 비상시에 대비하여 비밀을 안전하게 반출하거나 파기할 수 있는 계획을 수립하고, 소속 직원에게 주지(주지)시켜야 한다.

제29조 (비밀문서의 통제)

각급기관의 장은 비밀문서의 접수 · 발송 · 복제 · 열람 및 반출 등의 통제에 필요한 규정을 따로 작성 · 운영할 수 있다.

제30조 (비밀의 이관)

비밀은 일반문서보관소로 이관해서는 아니 된다. 다만, 「공공기록물 관리에 관한 법률」 제33조제2항 및 같은 법 시행령 제68조에 따라 기록물관리기관으로 이관하는 경우에는 그러하지 아니하다.

제31조 (비밀 소유 현황 통보)

① 각급기관의 장은 연 2회 비밀 소유 현황을 조사하여 국가정보원장에게 통보하여야 한다. 〈개정 2020.1.14〉

② 제1항에 따라 조사 및 통보된 비밀 소유 현황은 공개하지 않는다. 〈신설 2020.1.14〉제3장 국가보안시설 및 국가보호장비 보호
〈신설 2020.1.14.〉

제32조 (국가보안시설 및 국가보호장비 지정)

① 국가정보원장은 파괴 또는 기능이 침해되거나 비밀이 누설될 경우 전략적 · 군사적으로 막대한 손해가 발생하거나 국가안전보장에 연쇄적 혼란을 일으킬 우려가 있는 시설 및 항공기 · 선박 등 중요 장비를 각각 국가보안시설 및 국가보호장비로 지정할 수 있다.

② 국가정보원장은 관계 중앙행정기관 및 지방자치단체의 장과 협의하여 제1항에 따라 국가보안시설 및 국가보호장비를 지정하는 데 필요한 기준(이하 "지정기준"이라 한다)을 마련해야 한다.

③ 전력시설 및 항공기 등 국가정보원장이 정하는 국가안전보장에 중요한 시설 또는 장비의 보안관리상태를 감독하는 기관의 장은 해당 시설 또는 장비가 지정기준에 부합한다고 판단할 경우 국가정보원장에게 해당 시설 또는 장비를 제1항에 따라 국가보안시설 또는 국가보호장비로 지정해줄 것을 요청해야 한다.

④ 국가정보원장은 제3항에 따른 지정 요청을 받은 경우 지정기준에 부합하는지를 심사하여 해당 시설 또는 장비의 국가보안시설 또는 국가보호장비 지정 여부를 결정하고, 그 결과를 요청 기관의 장에게 통보해야 한다.

⑤ 국가정보원장은 제1항부터 제4항까지의 규정에 따라 지정된 국가보안시설 또는 국가보호장비의 보안관리상태를 감독하는 기관(이하 "감독기관"이라 한다)의 장과 협의하여 지정기준을 수정·보완할 수 있다.

제33조 (국가보안시설 및 국가보호장비 보호대책의 수립)

① 국가정보원장은 국가보안시설 및 국가보호장비를 보호하기 위하여 국가보안시설 및 국가보호장비 보호대책(이하 "기본 보호대책"이라 한다)을 수립해야 한다.

② 감독기관의 장은 기본 보호대책에 따라 소관 분야의 국가보안시설 및 국가보호장비에 대한 보호대책(이하 "분야별 보호대책"이라 한다)을 수립·시행해야 한다.

③ 국가보안시설 또는 국가보호장비를 관리하는 기관(이하 "관리기관"이라 한다)의 장은 감독기관의 장이 수립한 분야별 보호대책에 따라 해당 시설 및 장비에 대한 세부 보호대책(이하 "세부 보호대책"이라 한다)을 수립 · 시행해야 한다.

④ 국가정보원장과 감독기관의 장은 관리기관의 장이 기본 보호대책 및 분야별 보호대책을 이행하고 있는지 확인하고, 필요한 조치를 요청할 수 있다.

⑤ 국가정보원장은 기본 보호대책의 수립을 위하여 관리기관의 장에게 필요한 자료의 제공을 요청할 수 있다.

⑥ 분야별 보호대책 및 세부 보호대책의 수립 및 시행에 필요한 세부사항은 국가정보 원장이 정한다.

제34조 (보호지역)

① 각급기관의 장과 관리기관 등의 장은 국가안전보장에 관련되는 인원 · 문서 · 자재 · 시설의 보호를 위하여 필요한 장소에 일정한 범위의 보호지역을 설정할 수 있다. 〈개정 2020.1.14〉

② 제1항에 따라 설정된 보호지역은 그 중요도에 따라 제한지역, 제한구역 및 통제구역으로 나눈다. 〈개정 2020.1.14〉

③ 보호지역에 접근하거나 출입하려는 사람은 각급기관의 장 또는 관리기관 등의 장의 승인을 받아야 한다. 〈개정 2020.1.14〉

④ 보호지역을 관리하는 사람은 제3항에 따른 승인을 받지 않은 사람의 보호지역 접근이나 출입을 제한하거나 금지할 수 있다. 〈개정 2020.1.14〉

第35조 (보안측정)

① 국가정보원장은 보안사고를 예방하기 위하여 국가보안시설, 국가보호장비 및 보호지역에 대하여 보안측정을 한다.

② 제1항에 따른 보안측정은 국가정보원장이 직권으로 하거나 각급기관의 장 또는 관리기관의 장의 요청에 따라 한다.

③ 국가정보원장은 보안측정을 위하여 관계 기관에 필요한 협조를 요구할 수 있다.

④ 보안측정의 절차 및 내용 등에 관하여 필요한 세부 사항은 국가정보원장이 정한다.

第35조의2 (보안측정 결과의 처리)

① 국가정보원장은 보안측정 결과 및 개선대책을 해당 각급기관 또는 관리기관의 장에게 통보한다.

② 제1항에 따라 보안측정 결과 및 개선대책을 통보받은 각급기관 또는 관리기관의 장은 이를 성실히 이행해야 한다.

③ 국가정보원장과 각급기관의 장은 관리기관의 장이 제1항에 따른 개선대책을 이행하고 있는지 확인하고, 필요한 조치를 요청할 수 있다.제4장 신원조사

第36조 (신원조사)

① 국가정보원장은 국가보안을 위하여 국가에 대한 충성심·성실성 및 신뢰성을 조사하기 위하여 신원조사를 한다.

② 신원조사는 국가정보원장이 직권으로 하거나 관계 기관의 장의 요청에 따라 한다.

③ 신원조사의 대상이 되는 사람은 다음 각 호와 같다. 〈개정 2020.1.14〉

1. 공무원 임용 예정자
2. 비밀취급 인가 예정자
3. 삭제 〈2020.1.14〉
4. 국가보안시설·보호장비를 관리하는 기관 등의 장(해당 국가보안시설 등의 관리업무를 수행하는 소속 직원을 포함한다)
5. 임명할 때 정부의 승인이나 동의가 필요한 공공기관의 임원
6. 그 밖에 다른 법령에서 정하는 사람이나 각급기관의 장이 국가보안상 필요하다고 인정하는 사람

第37조 (신원조사 결과의 처리)

① 국가정보원장은 신원조사 결과 국가안전보장에 해를 끼칠 정보가 있음이 확인된 사람에 대해서는 관계 기관의 장에게 그 사실을 통보하여야 한다.

② 제1항에 따라 통보를 받은 관계 기관의 장은 신원조사 결과에 따라 필요한 보안대책을 마련하여야 한다.

제5장 보안조사 〈신설 2020.1.14〉

제38조 (보안사고 조사)

국가정보원장은 다음 각 호의 어느 하나에 해당하는 사고가 발생한 경우 사고원인 규명 및 재발 방지 대책마련을 위하여 보안사고 조사를 한다.

1. 비밀의 누설 또는 분실
2. 국가보안시설 · 국가보호장비의 파괴 또는 기능 침해
3. 제34조제3항에 따른 승인을 받지 않은 보호지역 접근 또는 출입
4. 그 밖에 제1호부터 제3호까지에 준하는 사고로서 국가정보원장이 정하는 사고

제38조의2 (보안사고 조사 결과의 처리)

① 국가정보원장은 제38조에 따른 보안사고 조사의 결과를 해당 기관의 장에게 통보한다.

② 제1항에 따라 보안사고 조사결과를 통보받은 기관의 장은 조사결과와 관련하여 필요한 조치를 하고, 조치결과를 국가정보원장에게 통보해야 한다. 제6장 중앙행정기관의 보안감사 〈신설 2020.1.14〉

제39조 (보안감사)

중앙행정기관의 장은 이 영에서 정한 인원 · 문서 · 자재 · 시설 · 지역 및 장비 등의 보안관리상태와 그 적정 여부를 조사하기 위하여 보안감사를 한다.

제40조 (정보통신 보안감사)

중앙행정기관의 장은 정보통신수단에 의한 비밀의 누설방지와 정보통신 시설의 보안상태를 조사하기 위하여 정보통신 보안감사를 한다.

제41조 (감사의 실시)

① 제39조에 따른 보안감사와 제40조에 따른 정보통신보안감사는 정기감사와 수시감사로 구분하여 한다.

② 정기감사는 연 1회, 수시감사는 필요에 따라 수시로 한다.

③ 보안감사와 정보통신 보안감사를 할 때에는 보안상의 취약점이나 개선 필요 사항의 발굴에 중점을 둔다.

제42조 (보안감사 결과의 처리)

① 중앙행정기관의 장은 제39조에 따른 보안감사 및 제40조에 따른 정보통신보안감사의 결과를 국가정보원장에게 통보해야 한다.

② 중앙행정기관의 장은 제39조에 따른 보안감사 및 제40조에 따른 정보통신보안감사의 결과와 관련하여 보안상의 취약점이나 개선 필요 사항을 확인한 경우에는 재발 방지 및 개선을 위하여 필요한 조치를 하고, 그 조치결과를 국가정보원장에게 통보해야 한다.
제7장 보칙 〈신설 2020.1.14〉

제43조 (보안담당관)

각급기관의 장은 소속 직원 중에서 이 영에 따른 보안업무를 수행할 보안담당관을 임명하여야 한다.

제44조 (계엄지역의 보안)

① 계엄이 선포된 지역의 보안을 위하여 계엄사령관은 이 영에도 불구하고 특별한 보안조치를 할 수 있다.

② 계엄사령관이 제1항에 따라 특별한 보안조치를 하려는 경우 평상시 보안업무와의 연계성을 고려하여 필요하다고 인정할 때에는 미리 국가정보원장과 협의하여야 한다.

제45조 (권한의 위탁)

① 국가정보원장은 제36조에 따른 신원조사와 관련한 권한의 일부를 국방부장관과 경찰청장에게 위탁할 수 있다. 다만, 국방부장관에 대한 위탁은 군인·군무원, 「방위사업법」에 따른 방위산업체 및 연구기관의 종사자와 그 밖에 군사보안에 관련된 인원의 신원조사로 한정한다. 〈개정 2020.1.14.〉

② 국가정보원장은 필요하다고 인정할 때에는 관계 기관의 장에게 제35조에 따른 보안측정 및 제38조에 따른 보안사고 조사와 관련한 권한의 일부를 위탁할 수 있다. 다만, 국방부장관에 대한 위탁은 국방부 본부를 제외한 합동참모본부, 국방부 직할부대 및 직할기관, 각 군, 「방위사업법」에 따른 방위산업체, 연구기관 및 그 밖의 군사보안대상의 보안측정 및 보안사고 조사로 한정한다.

③ 국가정보원장은 필요하다고 인정할 때에는 제2항에 따라 권한을 위탁받은 관계 기관의 장에게 보안측정 및 보안사고 조사 결과의 통보를 요구할 수 있다.

④ 국가정보원장은 제21조제3항에 따른 통합 비밀관리시스템의 구축·운영을 관계 중앙행정기관의 장에게 위탁할 수 있다.
〈신설 2020.1.14〉

제46조 (고유식별정보의 처리)

각급기관의 장은 다음 각 호의 사무를 수행하기 위하여 불가피한 경우 「개인정보 보호법 시행령」 제19조제1호 또는 제4호에 따른 주민등록번호 또는 외국인등록번호가 포함된 자료를 처리할 수 있다.
〈개정 2020.1.14〉

1. 제34조제3항에 따른 보호지역 접근 · 출입 승인에 관한 사무
2. 제36조에 따른 신원조사에 관한 사무

부록2

군사기밀 보호법 시행령 (대통령령 제32968호)

제1조 (목적)

이 영은 「군사기밀 보호법」에서 위임된 사항과 그 시행에 필요한 사항을 규정함을 목적으로 한다.

제2조 (정의)

이 영에서 사용하는 용어의 뜻은 다음과 같다.

1. "군사기밀의 공개"란 군사기밀 내용을 적법한 절차에 따라 공개할 것을 결정하여 비밀 취급이 인가되지 아니한 일반인에게 성명(성명) · 언론 · 집회 등을 통하여 공표하는 것을 말한다.
2. "군사기밀의 제공 또는 설명"이란 「군사기밀 보호법」(이하 "법"이라 한다) 제8조에 따라 군사기밀의 제공 또는 설명의 요구를 받았을 때에 그 요청자 등 에게 적법한 절차에 따라 군사기밀을 인도 또는 열람하게 하거나 군사기밀의 내용을 말로 전달하는 것을 말한다.

제3조 (군사기밀의 등급 구분)

① 법 제3조제1항에 따라 군사기밀의 등급을 다음 각 호와 같이 구분한다.

1. 군사 Ⅰ급 비밀: 군사기밀 중 누설될 경우 국가안전보장에 치명적인 위험을 끼칠 것으로 명백히 인정되는 가치를 지닌 것
2. 군사 Ⅱ급 비밀: 군사기밀 중 누설될 경우 국가안전보장에 현저한 위험을 끼칠 것으로 명백히 인정되는 가치를 지닌 것

3. 군사 Ⅲ급 비밀: 군사기밀 중 누설될 경우 국가안전보장에 상당한 위험을 끼칠 것으로 명백히 인정되는 가치를 지닌 것

② 제1항에 따른 등급 구분에 관한 세부 기준은 별표 1과 같다.

제4조 (군사기밀의 지정권자)

① 법 제4조제2항에 따른 군사 Ⅰ급 비밀 지정권자는 다음 각 호와 같다.

1. 「보안업무규정」 제9조제1항 제1호부터 제12호까지의 Ⅰ급 비밀 취급 인가권자 및 그가 지정하는 사람
2. 방위사업청장
3. 국방정보본부장
4. 해군작전사령관, 해병대사령관, 공군작전사령관
5. 국군방첩사령관, 국군정보사령관
6. 「국방과학연구소법」에 따른 국방과학연구소장
7. 그 밖에 국방부장관이 지정하는 사람

② 법 제4조제2항에 따른 군사 Ⅱ급 비밀 및 군사 Ⅲ급 비밀 지정권자는 다음 각 호와 같다. 〈개정 2015.3.11, 2017.9.5〉

1. 군사 Ⅰ급 비밀 지정권자 및 그가 지정하는 사람
2. 「보안업무규정」 제9조제2항 제2호부터 제4호까지의 Ⅱ급 비밀 및 Ⅲ급 비밀 취급인가권자 및 그가 지정하는 사람
3. 국방부, 합동참모본부 및 국방정보본부의 장성급(장성급) 장교
4. 국방부 직할부대 및 기관의 장, 편제상 장성급 장교인 참모
5. 육군 · 해군 · 공군(이하 "각 군"이라 한다) 본부의 장성급 장교 및 그 직할부대장

6. 각 군 예하(예하) 부대 중 편제상 장성급 장교가 지휘하는 부대의 장, 장성급 장교인 참모
7. 그 밖에 국방부장관이 지정하는 사람

제5조 (군사기밀의 보호조치 등)

① 법 제5조제1항 및 제3항에 따라 군사기밀을 취급하는 자는 군사기밀에 대하여 다음 각 호의 보호조치를 하여야 한다.

1. 군사기밀은 도난 · 분실 · 화재 또는 파괴 등으로부터 보호되고, 그 생산과정과 전파경로를 확인할 수 있도록 대책을 마련할 것

2. 군사기밀은 해당 등급의 비밀취급 인가를 받은 사람으로서 업무상 관련이 있는 사람에게만 취급하게 할 것

3. 군사기밀은 그 내용과 가치의 정도에 따라 결재선상의 최초 지정권자가 군사기밀로 지정할 것

4. 군사기밀에 대한 비밀취급 비인가자의 접근을 방지하고 그 취급자에게 경고하기 위하여 최초 생산 시부터 군사기밀의 표시 방법에 따라 표시하거나 이를 고지하도록 할 것

5. 군사기밀의 표시 또는 고지 방법은 별표 2의 방법에 따를 것

② 법 제5조제2항에 따른 군사보호구역은 군사기밀의 표시 또는 고지가 불가능하거나 부적절한 군사기밀에 대하여 접근을 방지하거나 기밀이 있는 곳을 은폐하기 위하여 일정한 범위를 정하여 설정하여야 한다.

③ 제2항에 따른 군사보호구역의 구분, 설정대상 및 설정방법은 별표 3과 같다.

④ 군사기밀을 취급하는 부대의 장(기관의 장을 포함한다. 이하 같다)은 설정된 군사보호구역에 대하여 다음 각 호의 보호조치를 하여야 한다.

1. 군사기밀 보호를 위한 경비
2. 출입인가자의 한계 설정과 비인가자 출입 통제
3. 보관용기 또는 보관시설의 잠금장치 설치

⑤ 군사기밀을 취급하는 부대의 장은 전역자 및 퇴직자가 군사기밀을 누설하지 않도록 전역 또는 퇴직 전에 다음 각 호의 조치를 하여야 한다.

1. 보안점검 및 보안교육 실시
2. 정보체계 계정 삭제
3. 비밀 인계 · 인수 실태 확인
4. 비밀보호 서약의 집행

제6조 (해제)

① 법 제6조에 따른 군사기밀의 해제는 해제를 예고한 날이 되어 군사기밀의 지정이 해제되는 예고문에 의한 해제와 공개 등의 사유로 군사기밀로서 계속 보호할 필요가 없게 되어 군사기밀의 지정이 해제되는 긴급해제로 구분한다.

② 제1항에 따른 긴급해제 시에는 해당 군사기밀의 지정권자는 해제사실을 해당 군사기밀 취급 부서에 신속하게 통보하여야 한다.

③ 제1항에 따른 군사기밀의 해제절차 등에 관하여 필요한 사항은 국방부장관이나 방위사업청장이 소관 사무에 따라 각각 정한다.

제7조 (공개)

① 국방부장관이나 방위사업청장이 법 제7조에 따라 군사기밀을 공개할 때에는 보안정책회의를 거쳐 공개하되, 중요 군사기밀의 공개에 관하여는 국가정보원장의 승인을 받아야 한다.

② 제1항에 따라 공개되는 군사기밀은 공개한 때부터 군사기밀의 지정이 해제된 것으로 본다.

③ 제1항에 따른 보안정책회의의 구성과 운영에 필요한 사항은 국방부장관이나 방위사업청장이 소관 사무에 따라 각각 정한다.

제8조 (제공 및 설명)

① 국방부장관이나 방위사업청장이 법 제8조에 따라 군사기밀을 제공하거나 설명할 때에는 다음 각 호의 방법에 따라야 한다.

1. 비밀보호 서약 등 보안조치를 마련할 것
2. 군사기밀을 제공하거나 설명하기 전에 다음 각 목의 사항을 고지할 것

가. 군사기밀의 기밀등급
나. 군사기밀에 대한 녹음 · 메모 · 촬영 · 발췌 및 복사 등의 금지
다. 제3자에 대한 군사기밀의 제공 또는 설명의 금지
라. 군사기밀을 제 3자에게 누설할 경우 법 제12조부터 제15조까지와 제18조에 따라 처벌받는다는 사실
마. 제공 받은 군사기밀에 대한 도난 · 분실 · 화재 또는 파괴 등으로부터의 보호 의무

3. 군사기밀을 설명하는 경우 제3자의 출입제한 등의 보안조치가 이루어진 장소에서 할 것

② 제1항에 따른 군사기밀의 제공 또는 설명의 절차 및 보안조치 등을 위하여 필요한 사항은 국방부장관이나 방위사업청장이 소관 사무에 따라 각각 정한다.

제9조 (공개 요청)

① 법 제9조에 따라 군사기밀의 공개를 요청하려는 자는 별지 서식의 군사기밀 공개 요청서에 그 사유를 적어 방위사업청장이나 그 군사기밀을 취급하는 부대의 장에게 제출하여야 한다.

② 제1항에 따른 군사기밀 공개 요청서를 접수한 부대의 장은 그 기밀의 공개에 대한 자체 검토의견서를 첨부하여 국방부장관에게 제출하여야 한다.

③ 제1항에 따른 군사기밀 공개 요청에 따른 국방부장관이나 방위사업청장의 군사기밀 공개에 관하여는 제7조를 준용한다.

④ 국방부장관은 제1항에 따른 군사기밀 공개 요청서에 대한 처리 결과를 그 군사기밀을 취급하는 부대장을 거쳐 그 요청인에게 서면으로 통보하여야 하고, 방위사업청장은 직접 그 요청인에게 서면으로 통보하여야 한다.

제10조 (보안업무규정의 적용)

군사기밀 보호에 관하여 이 영에서 규정한 사항을 제외하고는 「보안업무규정」에서 정하는 바에 따른다.

부칙 〈제14328호,1994.7.20〉

이 영은 공포한 날부터 시행한다.

부칙(국가정보원직원법시행령) 〈제16211호,1999.3.31〉

제1조 (시행일)

이 영은 공포한 날부터 시행한다.

제2조 내지 제3조 생략

제4조 (다른 법령의 개정)

① 내지 〈19〉생략

〈20〉 군사기밀보호법 시행령 중 다음과 같이 개정한다. 제7조제1항 중 "국가안전 기획부장"을 "국가정보원장"으로 한다.

〈21〉 내지 〈28〉생략

부칙(방위사업법 시행령) 〈제19321호,2006.2.8〉

제1조 (시행일)

이 영은 공포한 날부터 시행한다.

제2조 및 제3조 생략

제4조 (다른 법령의 개정)

① 및 ②생략

③ 군사기밀보호법시행령 일부를 다음과 같이 개정한다. 제4조제1항제2호를 다음과 같이 한다.

2. 국방부장관, 방위사업청장 제6조제3항 중 "국방부장관이 정한다."를 "국방부장관 또는 방위사업청장이 소관사무에 따라 각각 정한다."로 한다. 제7조제1항 중 "국방부장관"을 "국방부장관 또는 방위사업청장"으로 하고, 동조 제3항 중 "국방부장관이 정한다."를 "국방부장관 또는 방위사업청장이 소관사무에 따라 각각 정한다."로 한다. 제8조제1항 중 "국방부장관"을 "국방부장관 또는 방위사업청장"으로 하고, 동조 제2항 중 "국방부장관이 정한다."를 "국방부장관 및 방위사업청장이 소관사무에 따라 각각 정한다."로 한다. 제9조제1항 중 "해당군사기밀을 취급하는 부대의 장"을 "방위사업청장 또는 해당군사기밀을 취급하는 부대의 장"으로 하고, 동조 제3항 중 "국방부장관"을 "국방부장관 또는 방위사업청장"으로 하며, 동조 제4항 중 "통보하여야 한다."를 "통보하여야 하고, 방위사업청장은 직접 그 요청인에게 서면으로 통보하여야 한다."로 한다. 별지 서식 중 "제0000부대장"을 각각 "방위사업청장 또는 제0000부대장"으로 한다.

④ 내지 ⑮생략

제5조 생략

부칙 〈제24113호,2012.9.21〉

이 영은 공포한 날부터 시행한다.

부칙(보안업무규정) 〈제26140호, 2015.3.11〉

제1조(시행일)

이 영은 공포한 날부터 시행한다.

제2조 생략

제3조 (다른 법령의 개정)

① 부터 ③까지 생략

④ 군사기밀 보호법 시행령 일부를 다음과 같이 개정한다. 제4조제1항 제1호 중 "「보안업무규정」 제7조제1항 제1호부터 제3호까지, 제3호의2, 제4호, 제5호 및 제7호부터 제11호까지"를 "「보안업무규정」 제9조제1항 제1호부터 제12호까지"로 하고, 같은 조 제2항 제2호 중 "「보안업무규정」 제7조제2항 제2호부터 제4호까지"를 "「보안업무규정」 제9조제2항 제2호부터 제4호까지"로 한다.

⑤ 생략

부칙(군인사법 시행령) 〈제28266호, 2017.9.5〉

제1조(시행일)

이 영은 공포한 날부터 시행한다. 〈단서 생략〉

제2조 및 제3조 생략

제4조 (다른 법령의 개정)

① 부터 〈37〉까지 생략 〈38〉 군사기밀 보호법 시행령 일부를 다음과 같이 개정한다. 제4조제2항 제3호 중 "장관급(장관급)"을 "장성급(장성급)"으로 하고, 같은 항 제4호부터 제6호까지 중 "장관급"을 각각 "장성급"으로 한다. 별표 1 제3호 사목 중 "장관급"을 "장성급"으로 한다.

〈39〉부터 〈90〉까지 생략

부칙(군사안보지원사령부령) 〈제29114호, 2018.8.21〉

제1조(시행일)

이 영은 2018년 9월 1일부터 시행한다.

제2조 생략

제3조 (다른 법령의 개정)

① 및 ② 생략

③ 군사기밀 보호법 시행령 일부를 다음과 같이 개정한다. 제4조제1항 제5호 중 "국군기무사령관"을 "군사안보지원사령관"으로 한다. 별표 1 제3호 바목 및 사목 중 "기무부대"를 각각 "군사안보지원부대"로 한다.

④ 부터 ⑨까지 생략

제4조 생략

부칙(국군방첩사령부령) 〈제32968호, 2022.11.1〉

제1조 (시행일)

이영은 공포한 날부터 시행한다.

제2조 (다른 법령의 개정)

① 및 ② 생략

③ 군사기밀 보호법 시행령 일부를 다음과 같이 개정한다. 제4조제1항 제5호 중 "군사안보지원사령관"을 "국군방첩사령관"으로 한다. 별표 1 제3호의 세부 기준란의 바목 및 사목 중 "군사안보지원부대"틀 각각 "군 방첩 업무 수행 부대"로 한다.

④부터 ⑩까지 생략

제3조 생략

부록3

군사기밀 보호법 사건 처리현황

구분	계		국방부		육군		해군		공군	
	입건	기소	입건	기소	입건	기소	입건	기소	입건	기소
합 계	9	2	1	-	3	1	2	1	-	-
장교	6	1	1	-	3	-	2	1	-	-
준 · 부사관	3	1	-	-	3	1	-	-	-	-
병	0	0	-	-	-	-	-	-	-	-

(출처: 2019 국방통계연보, 국방부)

부록4

군사기밀 표시 및 고지 (국가기밀보호법 시행령)

1. 문서의 기밀표시

가. 기밀문서는 앞뒷면의 표지와 기밀이 포함되어 있는 면마다 상단 · 하단의 중앙에 다음과 같이 붉은색으로 해당 등급의 기밀표시를 한다. 다만, 복제하거나 복사할 때에는 붉은색으로 표시하지 않을 수 있다.

0.5㎝	군 사	군 사	군 사
1㎝	I급 비 밀 TOP SECRET	II급 비 밀 SECRET	III급 비 밀 CONFIDENTIAL

5㎝

나. 단일문서 또는 책자로서 면마다 기밀등급을 달리할 때에는 면마다의 기밀 내용에 따라 해당 등급의 기밀표시를 하되, 그 표지의 양면은 그 중 최고 등급으로 한다.

다. 기밀표시가 명확하거나 해당 기밀문서철에 철하여져 있거나 보관되어 있을 때를 제외하고 생산 작업 중이거나 결재 대기 중인 기밀문서는 해당 등급에 따라 다음 서식의 기밀표지를 앞면에 붙이고 취급하여야 한다.

흰색 바탕에 붉은색

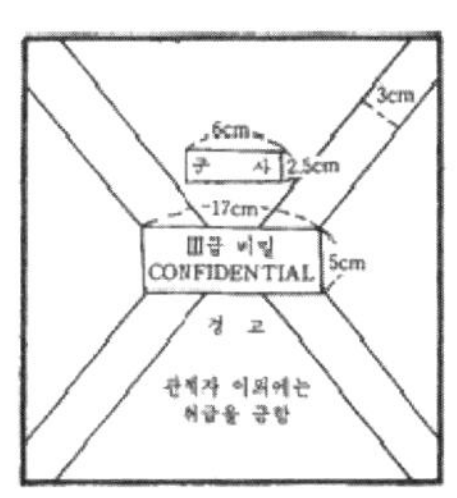

흰색 바탕에 노란색

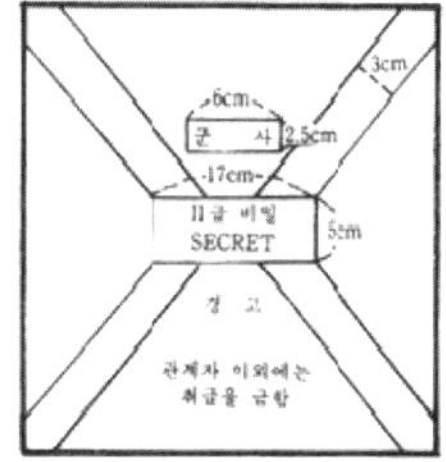

흰색 바탕에 파란

2. 필름 및 사진의 기밀표시

가. 1장으로 된 필름은 봉투나 이에 준하는 용기에 넣어 그 봉투 또는 용기의 표면 상단 · 하단의 중앙에 적절한 크기의 해당 기밀등급표시를 하여 보관하여야 한다.

나. 연결되어 있는 영사필름은 처음과 끝에 해당 기밀등급표시를 삽입하고 가목에 따른 방법으로 보관하여야 한다.

다. 인화된 사진은 사진마다 표면 상단 · 하단 또는 뒷면 상단 · 하단 중앙에 적절한 크기의 해당 기밀등급표시를 하고 가목에 따른 방법으로 보관하여야 한다.

3. 지도 · 괘도 등의 기밀표시

지도, 괘도, 그 밖의 도안 등은 면마다 상단 · 하단의 중앙에 적절한 크기의 해당 기밀등급을 표시하고, 접거나 말았을 때에도 기밀임을 알 수 있도록 뒷면의 적절한 부위에 기밀등급표시를 하여야 한다.

4. 상황판 등의 기밀표시

고착식(固着式) 상황판 또는 접거나 말 수 없는 현황판 등은 제3호의 방법으로 표시하고, 그 위에 기밀표시를 한 가림막을 쳐야 한다. 다만, 가림막에 기밀표시를 하는 것이 오히려 기밀보호에 이롭지 않거나 충분히 위장되었을 때에는 기밀표시를 하지 않을 수 있다.

5. 녹음 · 녹화 시의 기밀표시 및 고지

기밀을 녹음하거나 녹화할 때에는 시작할 때와 끝날 때에 그 기밀등급과 "이 자료는 군사상 중요한 기밀자료이므로 업무상 관련 없는 사람에게 누설하거나 전파할 수 없음"이라는 경고내용을 포함하여 녹음 · 녹화하여야 하고 제2호의 방법으로 보관하여야 한다.

6. 그 밖의 기밀의 표시

가. 제1호부터 제5호까지에 규정되지 않은 기밀인 자재, 생산품, 그 밖의 물자에는 겉보기에 알아보기 쉽도록 적절한 크기로 해당 기밀등급을 표시한다. 다만, 기밀등급을 표시할 수 없는 기밀자재 등의 물건을 발송할 때에는 문서상에 그 기밀등급을 표시하여야 한다.

나. 수사상의 증거물과 같이 그 원형을 그대로 보전할 필요가 있는 기밀에는 그 자체에 기밀등급표시를 하지 않고, 그 원형이 손상되거나 변형되지 않도록 제1호 다목에 따른 해당 기밀표지를 그 표면에 붙이거나 문서에 그 기밀등급표시를 하여야 한다.

7. 재분류 표시

재분류한 기밀은 예전 분류 표시를 붉은색으로 대각선을 그어 삭제하고, 그 측면 또는 상단 · 하단의 적당한 여백에 변경된 기밀등급을 새로 표시하며, 그 근거를 다음과 같이 표시한다. 다만, 면별로 재분류할 때에는 그 면마다 같은 방법으로 재분류 표시를 하여야 한다.

...에 따른 재분류(20 . . .) 직책: 계급: 성명:	서명

8. 기밀의 고지방법

군사기밀을 취급하는 사람은 그 기밀에 접근하는 사람을 발견한 때에는 즉시 군사기밀이므로 접근을 금지한다는 뜻을 고지하여야 한다. 다만, 군사기밀을 제공 또는 설명하는 경우에는 제8조에서 정한 절차에 따른다.

9. 각급 행정기관의 장이 생산하거나 재생산하는 비밀 중 군사기밀 사항이 포함되어 있는 경우에는 비밀표시 아래 여백에 다음과 같이 붉은색으로 표시한다. 다만, 복제하거나 복사할 때에는 붉은색으로 표시하지 않을 수 있다.

이 비밀에는 군사기밀 사항이 포함되어 있습니다.

부록5

군사보호구역 구분 및 설정 방법 (국가기밀보호법 시행령)

1. 군사보호구역은 군사제한구역과 군사통제구역으로 구분한다.

가. "군사제한구역"이란 군사기밀 및 군사기밀자재에 대한 비인가자의 접근을 방지하기 위하여 그 출입의 제한 및 안내가 요구되는 구역을 말한다.

나. "군사통제구역"이란 군사보안상 중요한 군사기밀이 보관되어 있어 비인가자의 출입이 금지되는 구역을 말한다.

2. 군사보호구역의 설정대상

가. 기밀합동보관소 또는 기밀자료보관소

나. 암호취급소

다. 비밀상황실

라. 정보공작실

마. 군사기밀장비의 보관 및 정비실

3. 군사보호구역의 표시 및 고지요령

가. 표시의 방법

1) 군사제한구역

경고
(군사제한구역)
이 구역에는 업무상 관계있는
사람만 출입할 수 있습니다.

2) 군사통제구역

경고
(군사통제구역)
이 구역에는 군사 ○급 비밀
취급인가자로서 업무상 관계있는
사람만 출입할 수 있습니다.

3) "경고, (군사제한구역), (군사통제구역), 군사 ○급 비밀" 부분은 붉은색, 나머지는 검은색으로 표시한다.

나. 표지판의 규격 및 설치장소

군사보호구역의 표지판은 해당 시설에 적합한 크기로 제작 · 설치하되, 비인가자가 쉽게 알아볼 수 있는 곳에 설치하여야 한다.

Memo

참고문헌

- 군사기밀 보호법 시행령(대통령령 제32968호, 2022. 11. 1)
- 정보통신기반 보호법 시행령(대통령령 제29421호, 2018. 12. 24)
- 보안업무규정(대통령령 제31354호, 2020. 12. 31)
- 보안업무규정 시행규칙(대통령훈령 제450호, 2022. 11. 28)
- 국가정보원법 (법률 제18519호, 2021. 10. 19)
- 공공기록물 관리에 관한 법률 시행령
  (대통령령 제30833호, 2020. 7. 14.)
- 항공안전법 시행규칙(국토교통부령 제00730호, 2020. 5. 27)
- 개인정보 보호법(법률 제16930호, 2020. 2. 4)
- 통신비밀보호법(법률 제18483호, 2021. 10. 19)
- 위치정보의 보호 및 이용 등에 관한 법률
  (법률 제17347호, 2020. 6. 9)
- 정보통신망 이용촉진 및 정보보호 등에 관한 법률
  (법률 제17358호, 2020. 6. 9)
- 드론 활용의 촉진 및 기반조성에 관한 법률
  (법률 제16420호, 2019. 4. 30)
- 2019 국방통계연보(국방부, 2019)
- 북한이해(통일교육원, 2016)
- 국가 정보보호 백서
  (국정원, 과기부, 행안부, 방통위, 금융위, 외교부, 2020. 5)
- 김미영, 「대학, 중용」 홍익출판사, 2015. 3. 15
- 노병천, 「도해 손자병법」 연경문화사, 2006. 1. 3

저자

박양배

現) KCTC 자료정보실장

ISO 27001(정보보호) 자격 취득

한국외국어대 정치학 석사

김경연

現) 육군 대령

「군인도 잘 모르는 군대이야기」, 청원, 2021

「나의 직업은 군인입니다」, 예미, 2022

신정원

現) 경민대학교 효충사관과 학과장

학군제휴협약대학교협의회 총무위원

한국군사회복지학회사례연구분과 부위원장